Introduction

Each puzzle presents a grid similar to a crossword, with blank boxes representing numbers. The number of these boxes corresponds to the exact length of the number you need to find. Your task is to determine which numbers provided fit perfectly into the given boxes.

Rules:

Fill the Grid: Complete the crossword grid by filling in numbers that match the number of blank boxes provided. For example, a space represented by five consecutive blank boxes requires a five-digit number.

Interlocking Numbers: Numbers must interlock with one another as in a standard crossword puzzle. Each letter you place is part of a horizontal number and a vertical number.

Solutions are provided at the back of the book.

Happy puzzling!

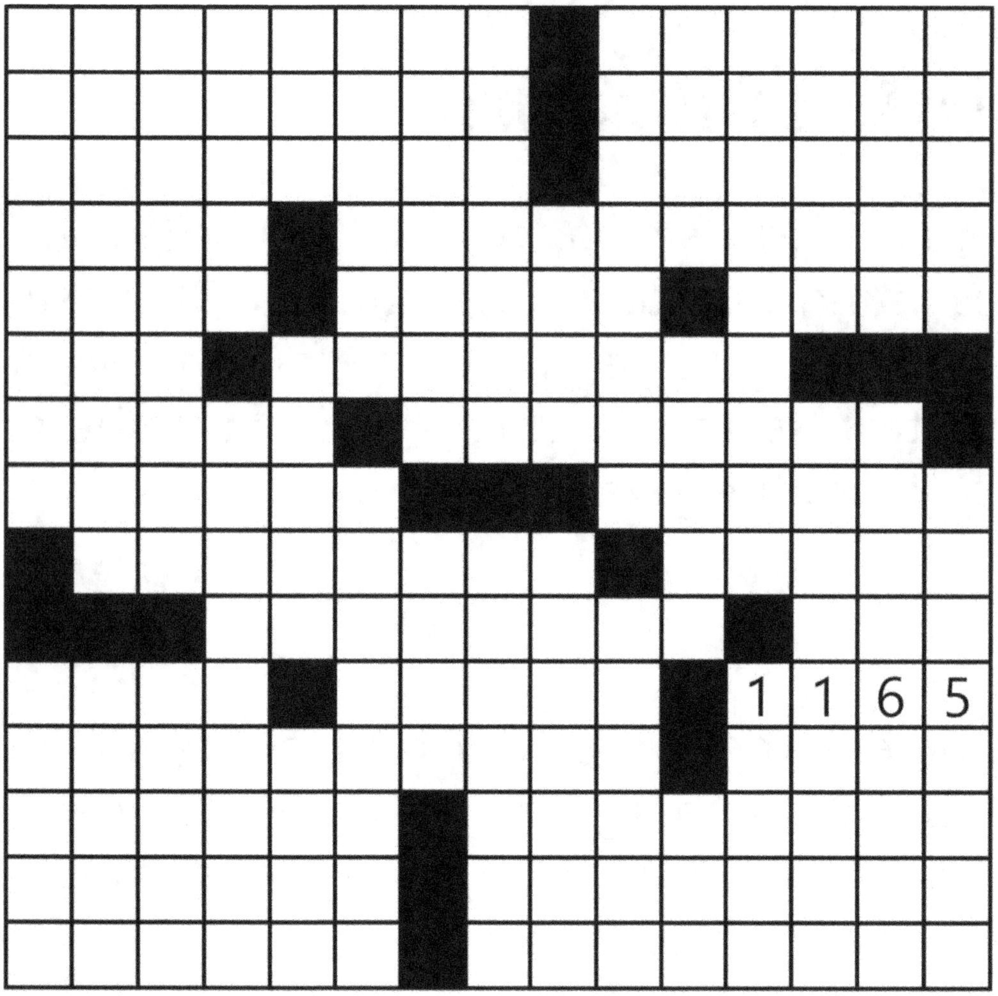

PUZZLE 1

3 digits
236
308
810
946

4 digits
1116
~~1165~~
3347
3693
4840
5357
5999
7286
7907
8235

5 digits
10573
17869
30510
34157
44484
60756
64758
64802
80296
81923
85561
85592
98369
99610

6 digits
173394
331643
405881
556105
635440
653955
753267
769074
844745
920006

7 digits
1798071
2308124
6659152
7715955

8 digits
10098654
11253783
19351296
19388427
21669437
32820501
36873747
45545079
57046337
57486454
72856477
73436791
74277561
94201037

9 digits
154843034
192732310
328916634
728312634
942913957
960068533

10 digits
4082767980
8858778581

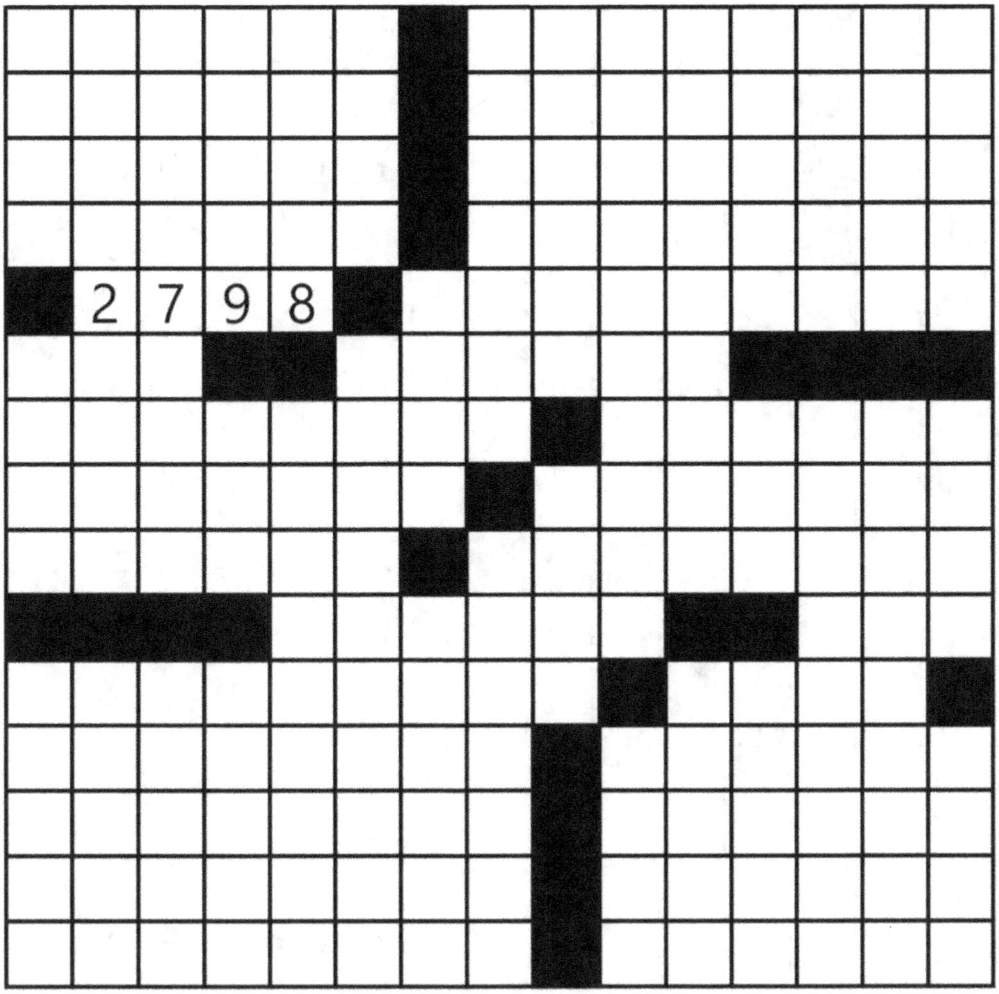

PUZZLE 2

3 digits

565
598
631
839

4 digits

1579
2481
~~2798~~
4435
5094
5369
5502
6288
6615
8854

5 digits

11308
17003
22487
30916
40725
44769
45984
54535
76444
82449
83665
90570

6 digits

120986
161739
326764
547542
549604
640936
641415
661410
782038
858844
887468
966205
975958
978915

7 digits

5133464
5135271
6763284
7281974

8 digits

15795476
20309701
32483651
38819504
41675737
49650799
58188304
58424517
75591703
96502164

9 digits

111978468
291818239
321919052
466429277
660618435
747589509
824214534
838913482

10 digits

4781263155
8685637771

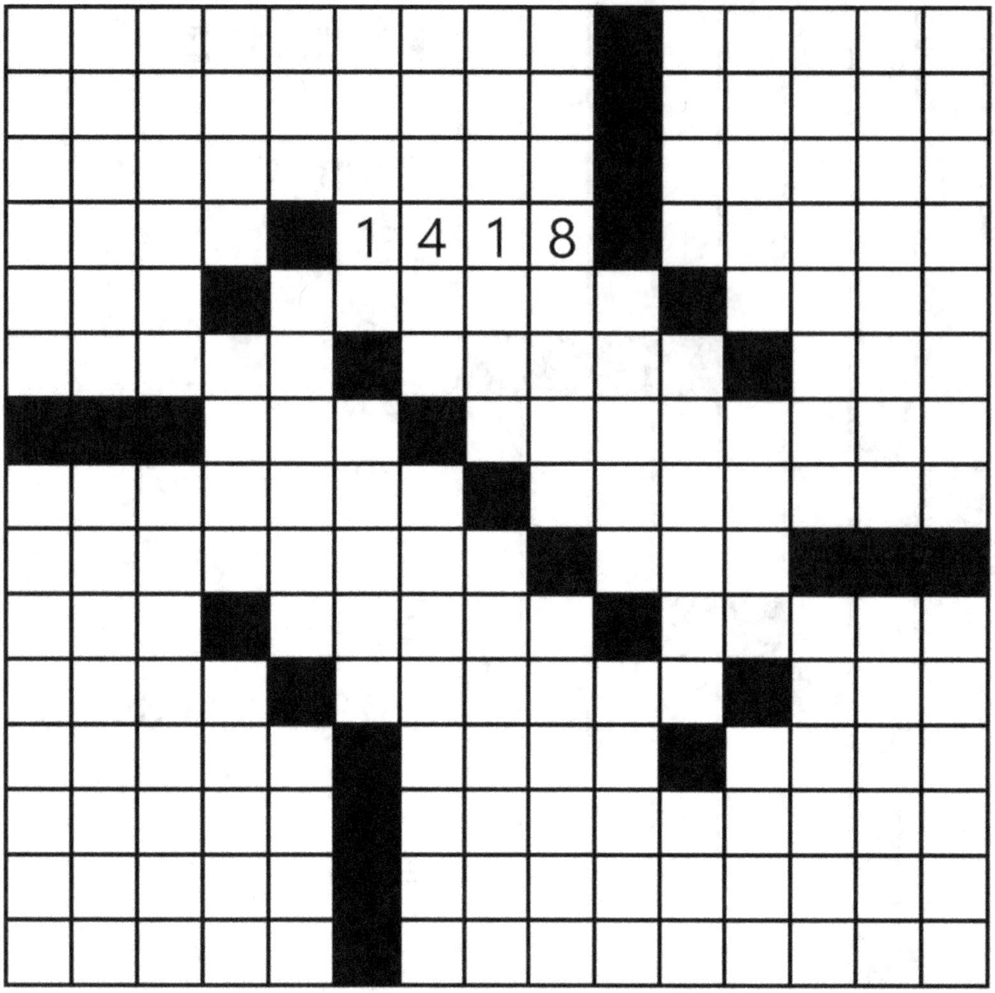

PUZZLE 3

3 digits
246
250
268
278
362
434
881
944

4 digits
1030
1040
~~1418~~
3152
3215
3255
4150
4421
6852
7389
7620
8594

5 digits
10464
12657
15253
18846
22390
25419
27379
31819
37294
40285
40527
55932
56388
71349
71835
84116
98530
98919

6 digits
248332
350325
523889
525096
637492
647220
756139
769647
807937
860068
899963
975340

7 digits
2378249
4950564
5711975
5855944

8 digits
11535876
46846639
51271871
54423234
59945471
65086314
80446010
84691885
90453162
99722114

9 digits
349952834
565168375
600589710
620326836
783429656
996000927

PUZZLE 4

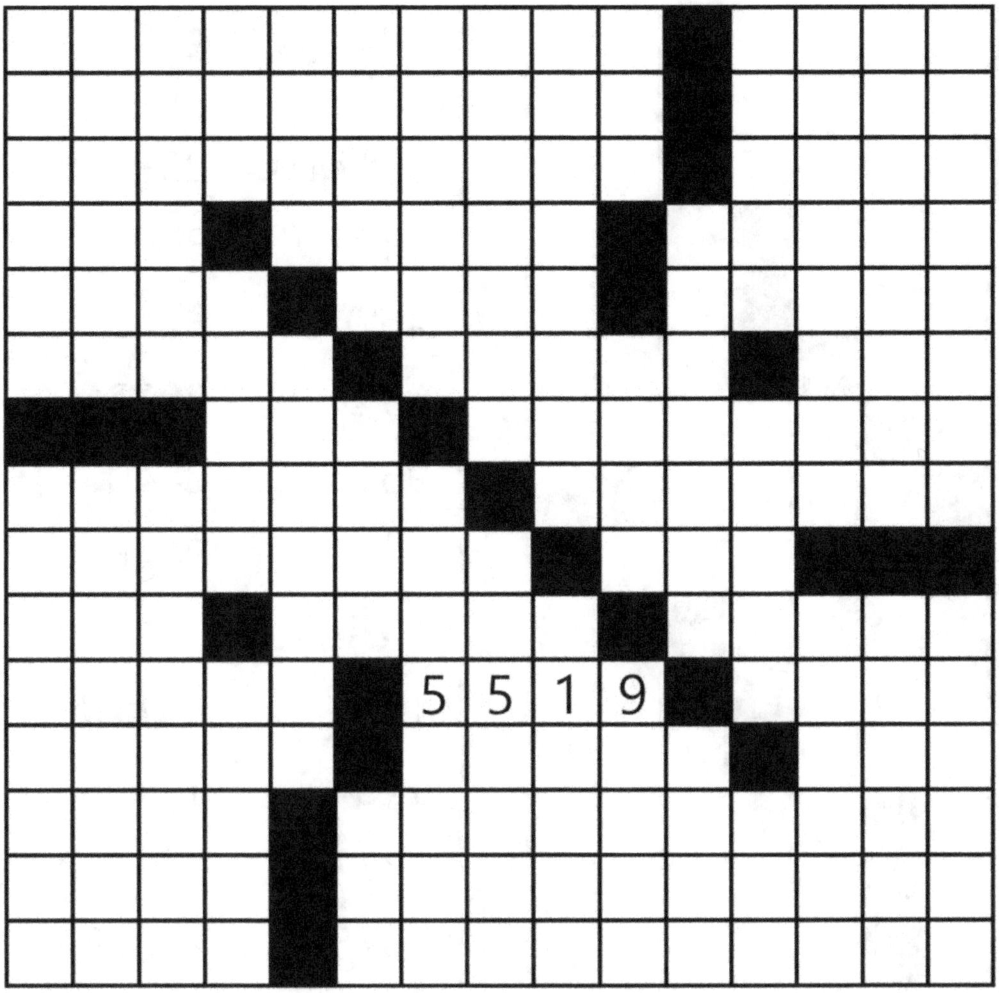

3 digits

128
198
301
403
508
652
701
884
893
968

4 digits

1336
3093
5298
~~5519~~
5786
6079
6167
7509
8026
8475
8493
9031
9123
9951

5 digits

11537
16901
28126
35356
39465
42148
42259
46396
51825
52146
55677
56569
59463
74698
81514
99417

6 digits

104526
360901
463915
470482
646835
716475
893239
943198

7 digits

3754911
4086565
4337104
7613849
8618198
9460291

8 digits

15172229
17114908
19776733
23423821
24813458
69029057
71353375
86396398
93657605
93955929

10 digits

3062553688
4645966442

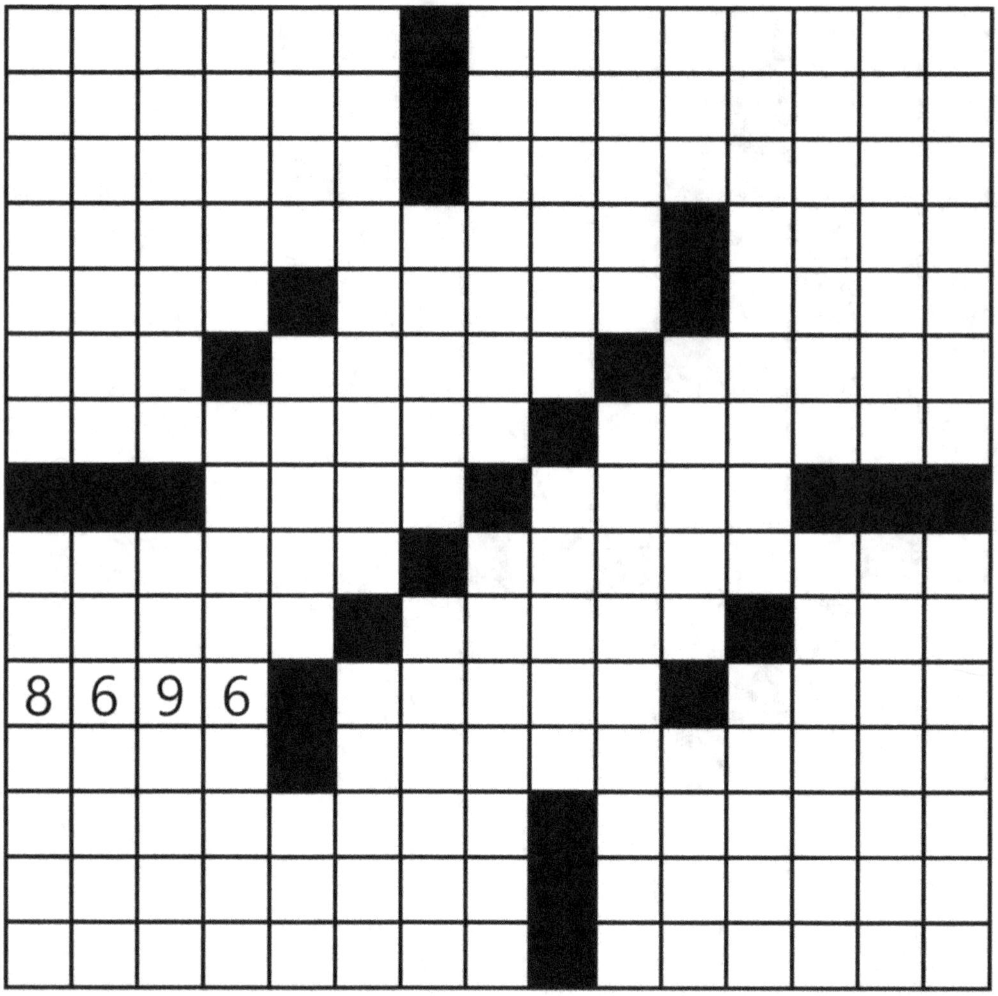

PUZZLE 5

3 digits
189
469
634
961

4 digits
1302
1784
1877
2375
2585
3004
3455
8023
8440
~~8696~~

5 digits
17316
18304
20678
24055
36295
54160
56715
70116
76405
82057
93066
94685
95301
99107

6 digits
118504
120556
150208
153250
327810
438186
506674
736836
935005
937003

7 digits
1381939
1667230
1733924
1794510
2595575
3539882
4457406
5346010
6073798
6370718
7197119
7637681
8298302
9395800

8 digits
18266764
32662735
33046852
40719999
51596192
90219504
92304629
92896160

9 digits
629329526
683020144
932111534
985964041

10 digits
4334180707
7935405651

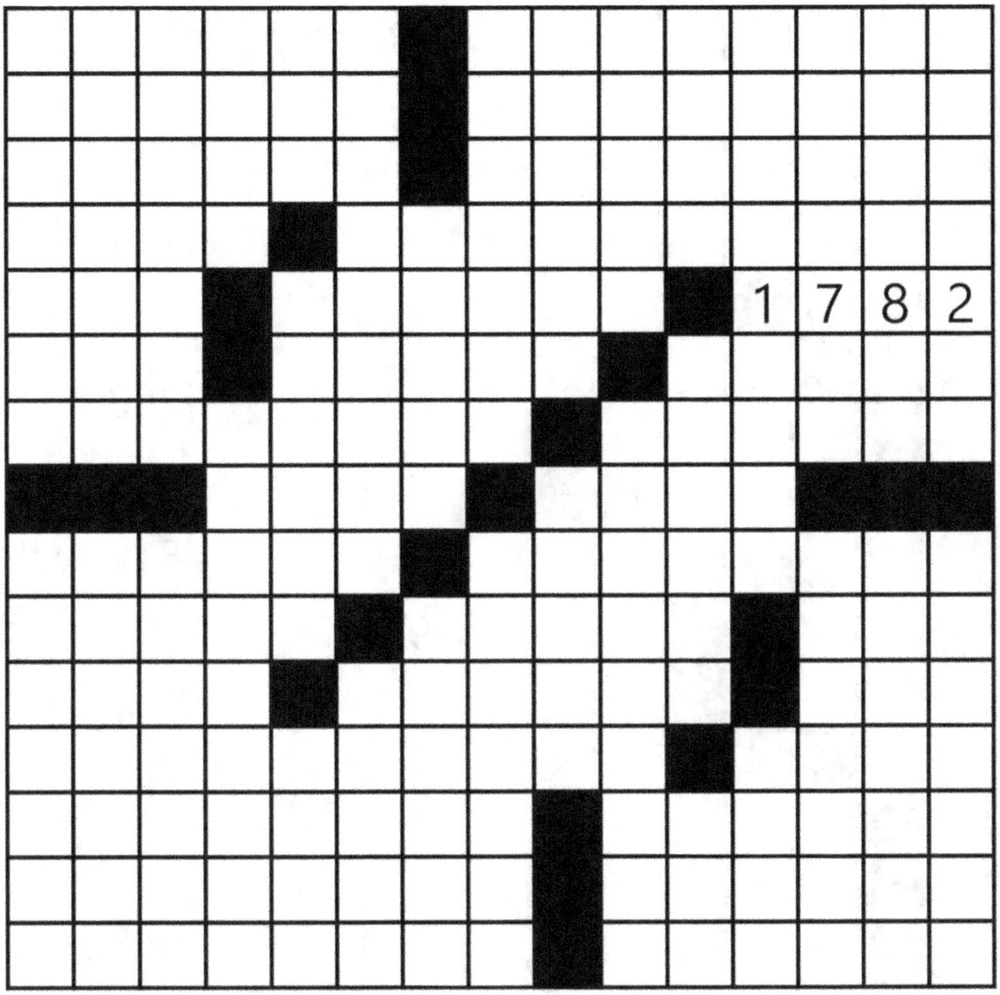

PUZZLE 6

3 digits
161
184
265
271
539
798

4 digits
~~1782~~
1968
2306
2928
4223
4269
4426
6352
7019
8737

5 digits
17973
22284
38304
53989
55086
67959
76236
82672

6 digits
145899
248298
253066
260629
262284
439031
530369
532934
716255
745528
807422
822025
850024
852027

7 digits
1034700
1349963
2350140
2876286
3639485
3651564
4419546
5369261
5835162
6286811
6422883
7521715
8122020
8362523

8 digits
26453726
30620326
32017384
32231824
32849165
51167955
53190255
66245043

9 digits
432394822
548803217
950315961
970021651

10 digits
2501875144
8696763429

PUZZLE 7

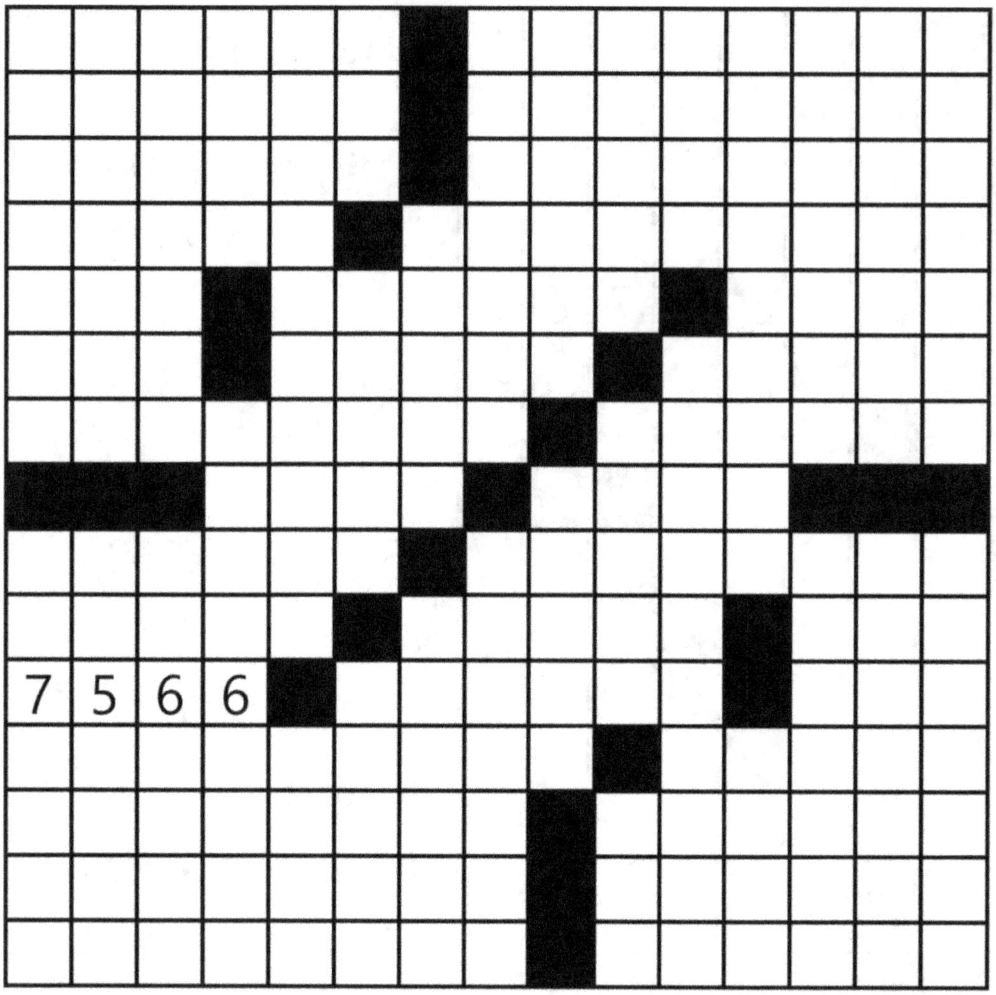

3 digits

134
569
573
661
956
967

4 digits

1251
1945
4025
4752
5091
5388
6022
~~7566~~

5 digits

11690
11745
20487
22224
55611
62366
64558
68317
69528
80962
84185
86993

6 digits

171200
298848
323355
368581
389040
625257
645921
672504
794954
803977
848127
966053

7 digits

1410729
2054685
2997522
3273811
3335527
3461757
3975555
4861247
6695766
7654050
8282779
8646396
9616053
9765470

8 digits

15725319
18524927
18622136
56667123
69104438
86789997
88917279
92148134

9 digits

341116527
653861822
668951051
842142327

10 digits

2021671727
8551367357

PUZZLE 8

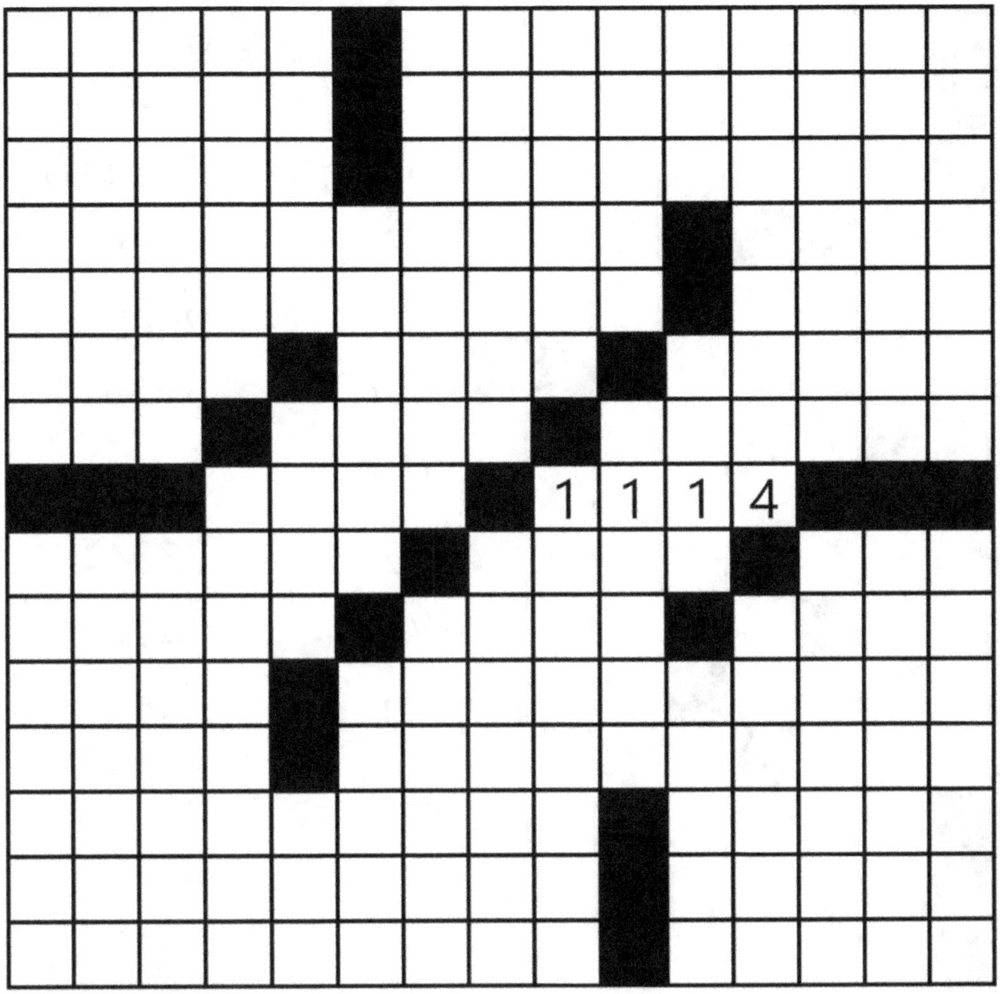

3 digits
126
152
363
979

4 digits
~~1114~~
1300
1649
2861
3066
3840
3892
4181
7750
8334
8534
8912
8977
9470

5 digits
13570
13735
22909
44893
45461
52840
56165
57217
59353
65404
65451
87349

6 digits
250590
309140
319121
399360
438636
701563
733627
994406

7 digits
1242233
1743415
2041150
3214533
3249086
3823971
4457346
4886001
5541667
7983843
9000490
9210670
9543997
9558079

8 digits
17698944
18619290
84416363
85798794

9 digits
197518349
653267150
701394010
753725240
960394592
970670979

10 digits
2084338027
2931549861
5039151311
6521260444

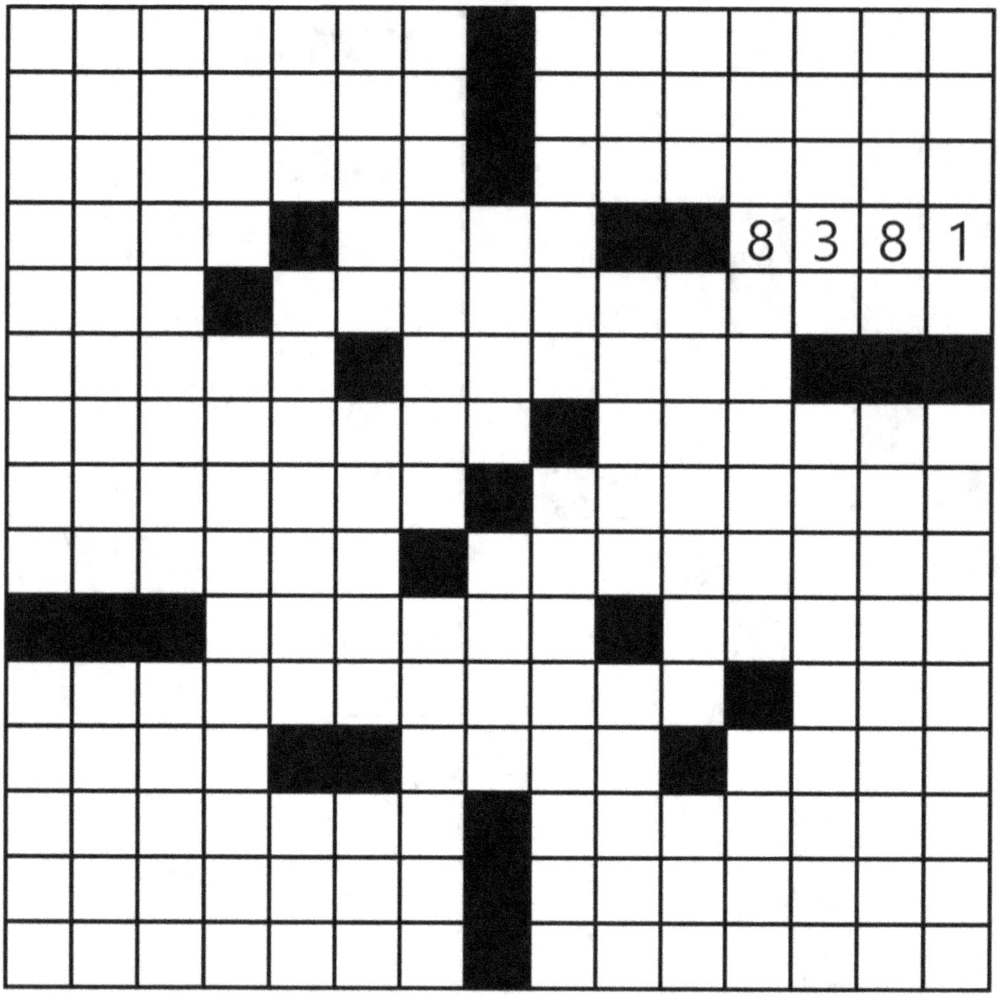

PUZZLE 9

3 digits

197
387
390
615
761
769
800
882

4 digits

2028
2085
2099
2392
2504
3474
5550
~~8381~~
8546
9040

5 digits

14492
20333
36828
39291
44525
50860
59613
62314
67086
69126
76223
99918

6 digits

237556
282708
331789
562307
572559
846295

7 digits

1027277
1405098
1934372
2162191
2367269
2839969
2841813
3812079
6144548
6579070
7750309
8112865
8398745
8670527
9190018
9692890

8 digits

58807819
59438634
69939828
81337316

9 digits

109705332
141494188
756273517
819334822
843269294
984312715

10 digits

2397560127
7208551486

11 digits

35160865352
66755615368

PUZZLE 10

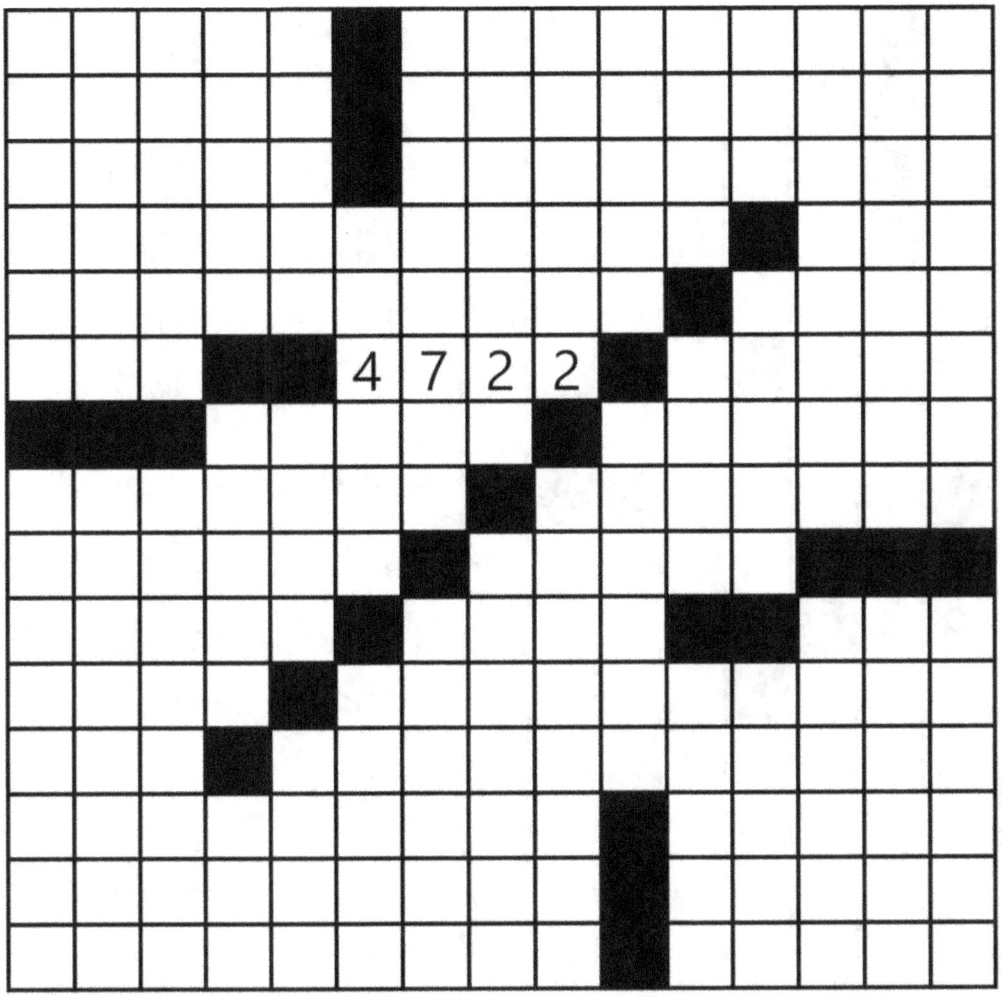

3 digits

180
262
384
546
737
833

4 digits

2574
2707
4333
~~4722~~
6278
7768
8308
8953

5 digits

13457
14276
15067
22469
23354
26872
27561
28119
45122
46807
52275
54908
58481
60246
72193
77073
78114
96111

6 digits

144288
247281
360402
497776
658658
667137
698622
704863
775660
805567
811170
969908

7 digits

2433825
2874785
5246330
8066664

8 digits

25737766
29487935
46561775
50934304
70585066
79807208
86633852
88729092

9 digits

350654339
426245725
528236702
538136579
649834050
982292130

10 digits

6642692609
8573941829

11 digits

26196163613
80769363057

PUZZLE 11

3 digits
178
211

4 digits
1075
1456
3008
3110
3384
4237
4693
4721
5005
5104
5231
~~5294~~
6573
7521
7762
8660

5 digits
10438
47098
57909
85406
93974
96266

6 digits
131659
143406
155378
286315
397385
452967
547692
655532
724932
897646
903458
904106
911603
987132

7 digits
1074929
1076940
1395108
2310401
2421391
2826892
3083747
3564211
3966583
4989195
5228140
5725135
6511873
9961231

8 digits
12615666
15950060
17434180
17662032
22806911
25448592
29242958
36654489
47906713
61311659

9 digits
265908429
836536625

10 digits
4005073415
5417775242

PUZZLE 12

3 digits

280
322
326
707
760
780
945
993

4 digits

2381
2428
3011
3071
3171
3651
4090
4629
5448
6394
~~6622~~
6623
6730
7358
7587
8899

5 digits

19542
19863
21248
29376
32316
33102
52986
55009
60749
64126
67236
79451
89093
96648

6 digits

268239
530461
791673
796600

7 digits

1589987
2458217
2484249
2776181
3384062
3435343
4502237
4832341
5007591
5573373
6003762
8118280
8726143
9009236
9387121
9595489

8 digits

31732190
32938790
40632674
69762142
82417414
89440622

9 digits

112059724
423119916
674768381
880226649
952063841
957074631

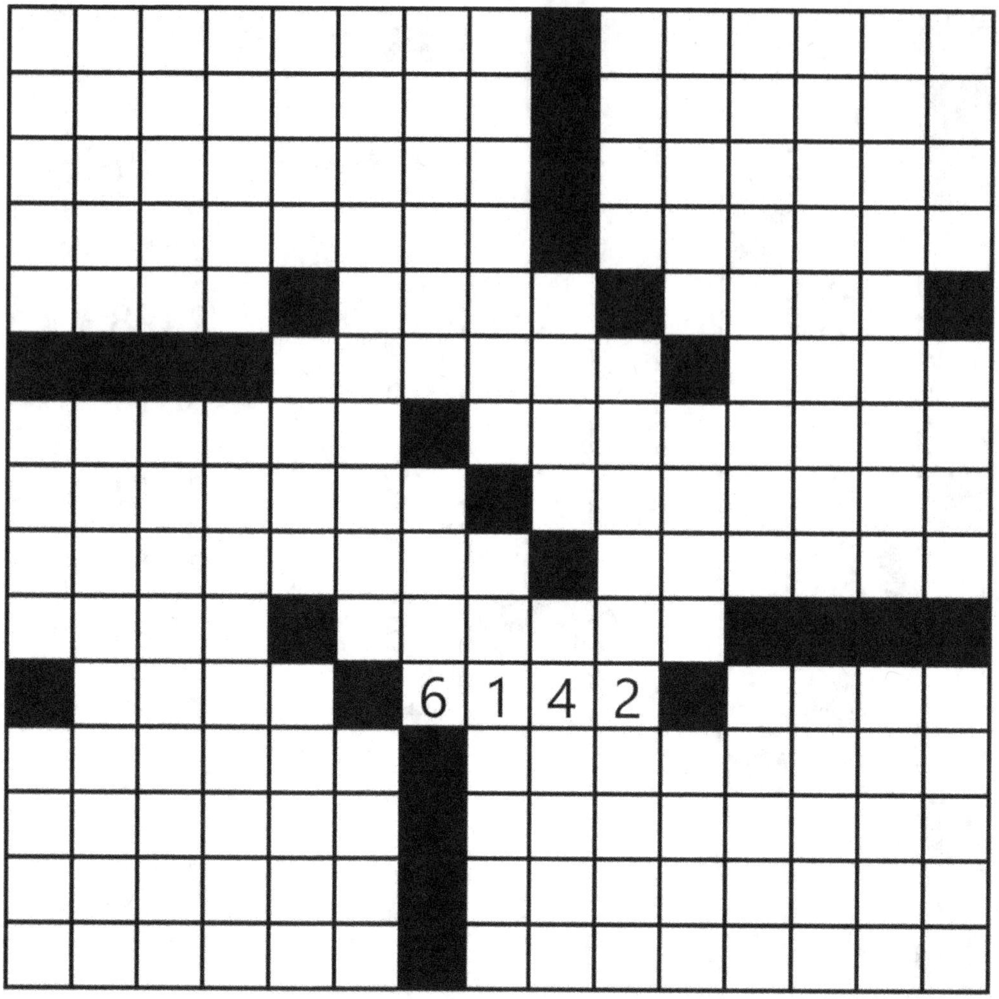

PUZZLE 13

4 digits

1288
2053
2201
2789
2864
3535
4049
4120
5466
5487
5823
~~6142~~
6641
6644
6953
7086
8563
9014
9592
9749

5 digits

21394
27684
44680
47303
58586
61559
61965
64325
66048
95880

6 digits

120307
165653
255324
286982
341768
404669
436408
646844
647425
667333
669965
690488
881657
954108

7 digits

1711368
7618545
8453905
9488036

8 digits

11141674
15710044
29269169
37319036
38651378
46313241
66826408
68289989
88705830
98854448

9 digits

181239646
413956104
566538890
640038805
966087935
984320996

10 digits

1034258426
4241321387

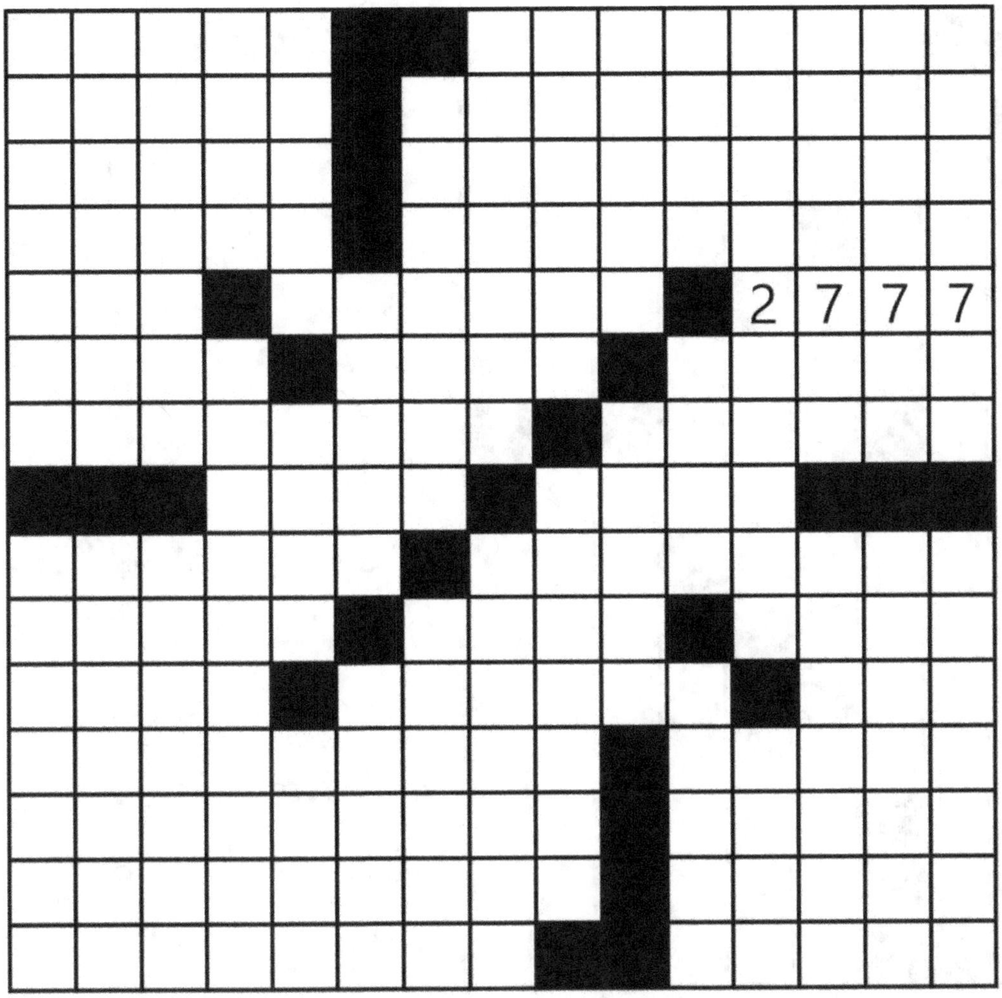

PUZZLE 14

3 digits
221
845

4 digits
1090
2048
2153
~~2777~~
3953
4955
5283
5343
6103
6378
6572
7939
8261
8271

5 digits
19963
21713
22142
31919
41976
53151
56789
66465
68294
75235
82655
88036
89720
95001
96751
97377

6 digits
107089
191485
524747
541806
646713
892705

7 digits
1637795
2909313
3516328
4522797
4578596
4702585
4949051
5126651
5438710
5751988
6155420
6297859
6316216
6523457
8834438
9120179

8 digits
13150938
35738966
81883451
90535388

9 digits
515098126
540511287
580227546
630707739
699416665
737670233

10 digits
3367684705
3701212582

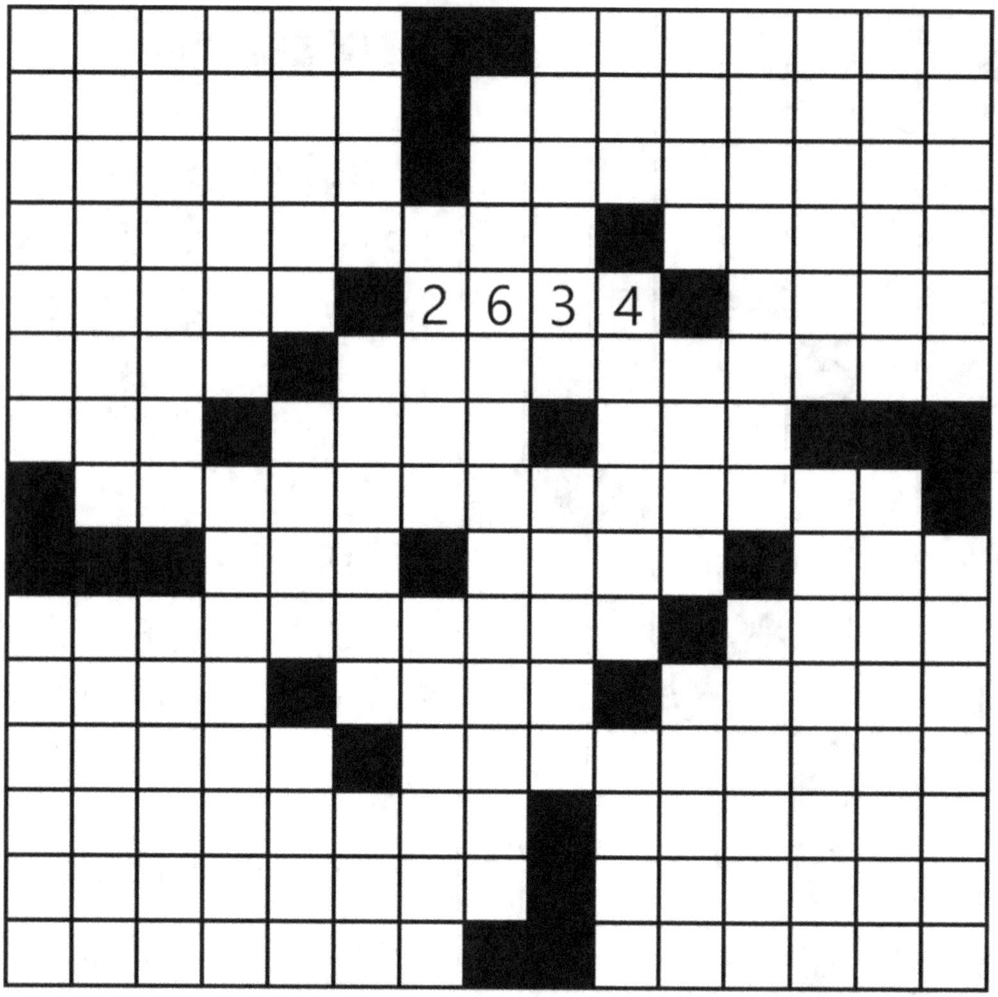

PUZZLE 15

3 digits
201
320
430
641
848
980

4 digits
1012
1154
1600
2173
~~2634~~
4549
4892
5062
5227
5605
7030
7418
8850
9582

5 digits
14891
15090
16651
30521
42065
84800
87786
97000

6 digits
111987
153899
155859
182603
195764
219453
327804
332184
439831
594284
604059
658967
714855
749535
791651
868853
936845
959643

7 digits
1202333
3959928
7279137
7573009

8 digits
26440783
33907148
44040929
44198545
49112571
83749883
85680356
90275608
96001864
98986483

9 digits
511463182
904609485

10 digits
1767751651
6095386441

13 digits
4486921768136
8382451385894

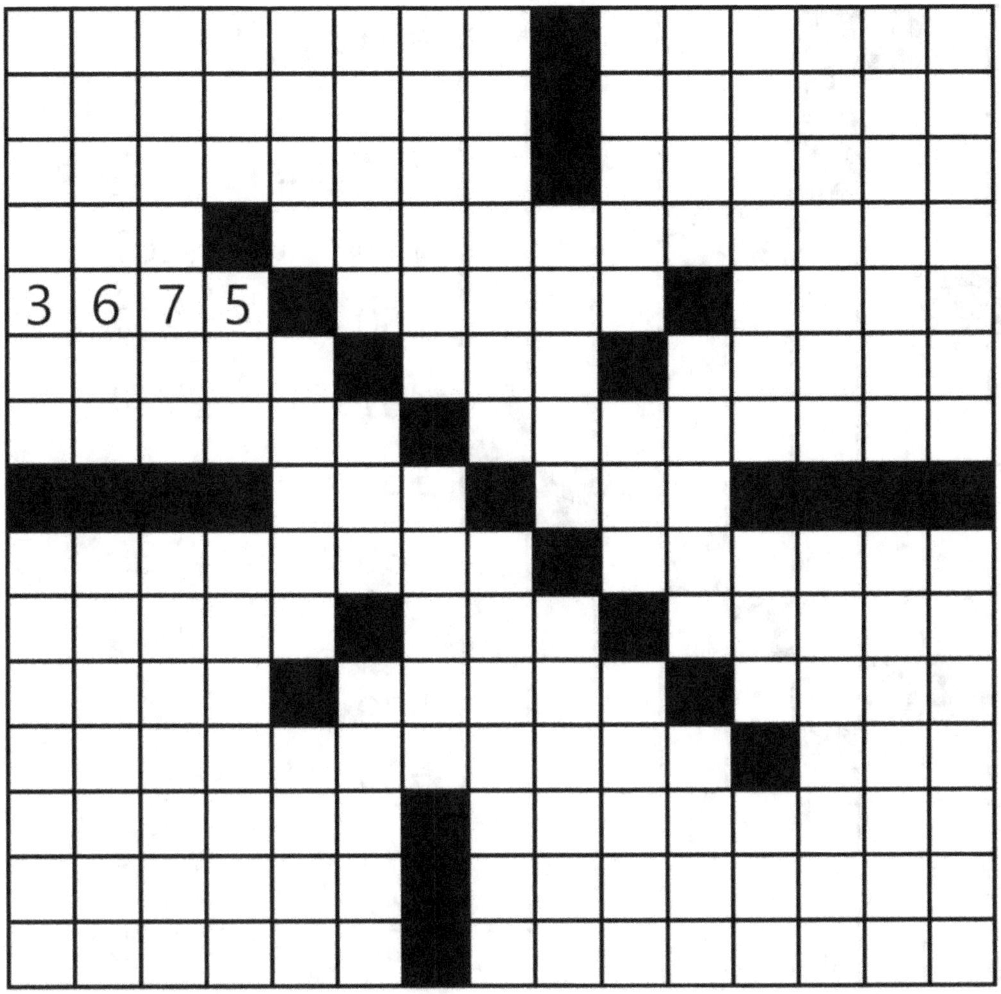

PUZZLE 16

3 digits
148
153
195
459
545
576
588
664
754
782
806
894

4 digits
~~3675~~
3937
4324
4522
6115
8701
9493
9516

5 digits
10306
12135
25499
25672
40239
40277
40771
42464
48879
61688
69128
88607
98101
99113

6 digits
198146
209657
317216
383214
698543
838423
873070
898654
946018
991018

7 digits
1810602
2126628
2945769
3324282
3869475
4141270
4156859
5011324
5434650
5476715
5695322
6775226
6835378
6892819
7434338
8688406

8 digits
17319528
20506405
50565982
55218191
64957098
70151862
76669485
93430311

11 digits
10008238119
42556216329

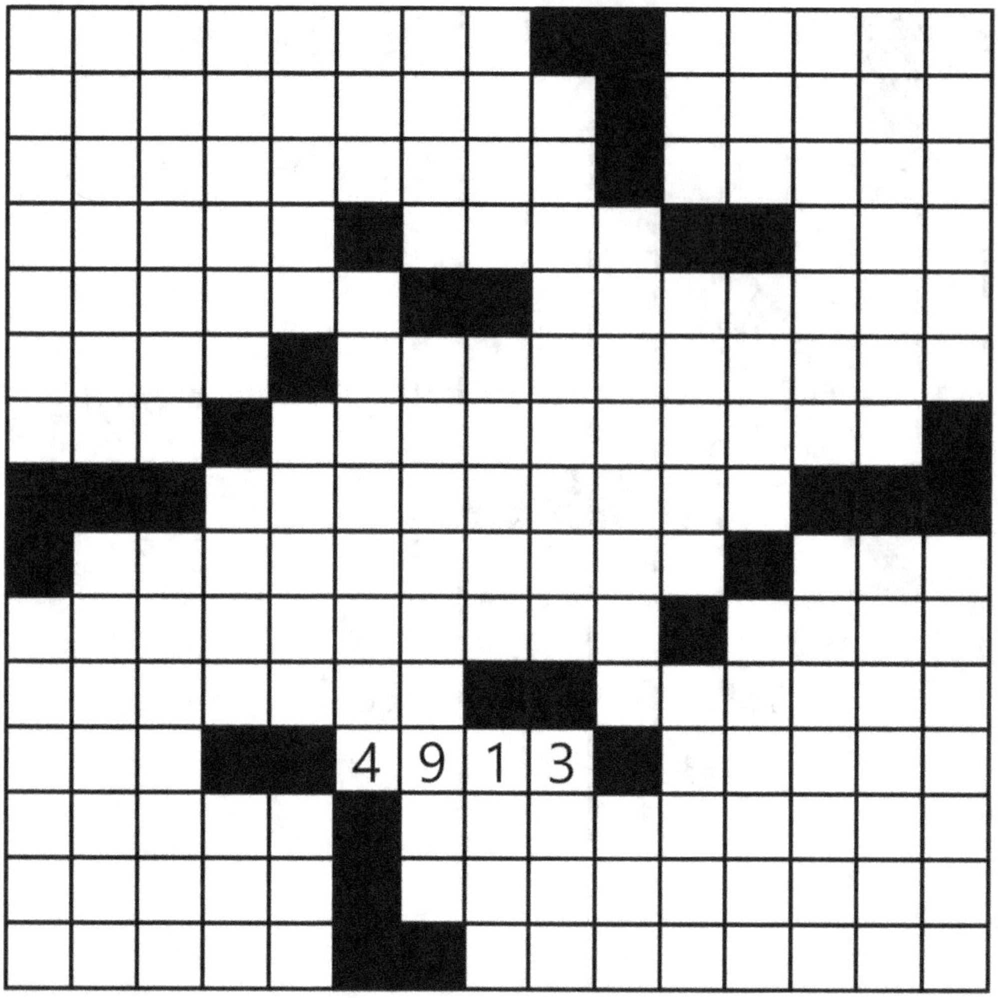

PUZZLE 17

3 digits
119
450
487
501
556
562
579
708
776
900

4 digits
1207
1937
2754
3751
4235
~~4913~~
6417
6430
7716
9175

5 digits
11538
36669
37686
42876
44798
56915
68471
68781
70844
72989
75439
77371
85438

6 digits
252161
303612
535630
635673
675365
884074

7 digits
1801436
2111395
2409331
3680876
3805609
5769574
6385376
6538972
7271015
7489020
8356007
9340042

8 digits
21993304
27666516
63429035
71861421

9 digits
101832780
123787241
158669953
178579010
335086773
429847910
597761593

10 digits
1173464244
3128363805
4955229302
6683736903

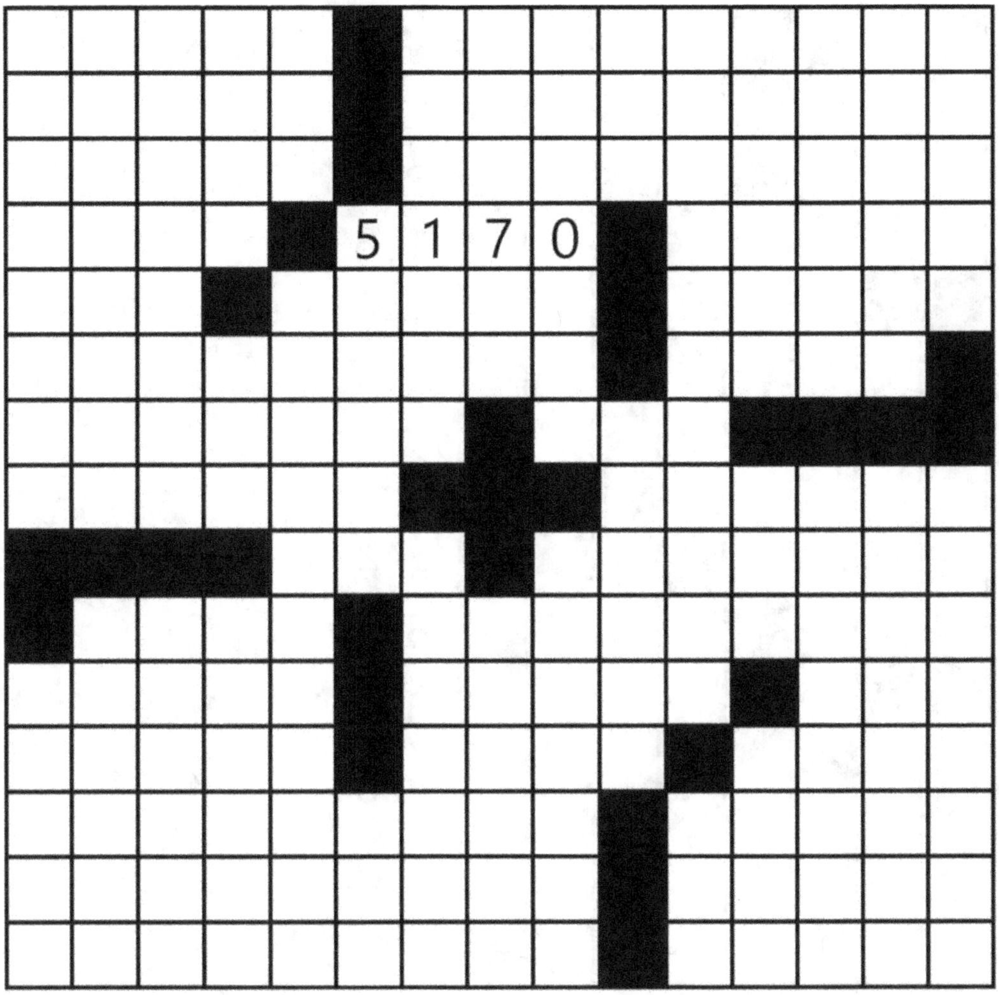

PUZZLE 18

3 digits
149
351
415
422
475
554
611
657
891
910

4 digits
2833
3024
3174
3315
4914
~~5170~~
7897
8217

5 digits
15304
20437
25779
39622
45514
52940
60427
68331
70941
74840
79998
80657
90005
96136

6 digits
114707
198808
206420
236227
343106
344117
386037
550515
554155
891566
939041
947002

7 digits
1937724
3491212
4637889
4969529
7631352
9200424

8 digits
18211244
18693498
35711990
64246635
79405700
85591245

9 digits
340137966
612924380
629474572
719859938
806604489
919235624
926095202
945125785

11 digits
17213316290
52392824332

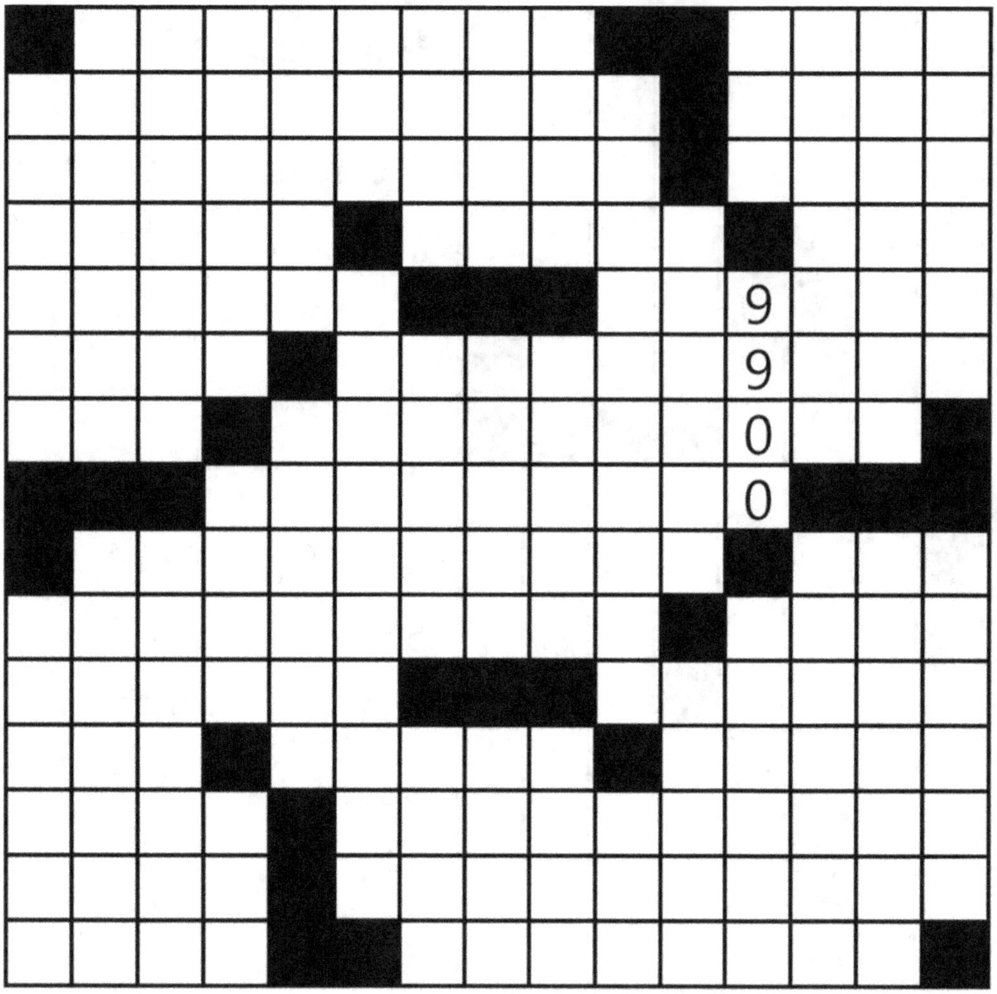

PUZZLE 19

3 digits

106
154
317
461
542
605
639
666

4 digits

1256
1362
1498
1669
2554
2600
2676
3671
4031
4516
4987
6032
6462
7585
8060
~~9900~~

5 digits

14066
26284
43588
48745
56602
78047
78942
82682
87170

6 digits

213803
275982
283842
303324
386427
410713
417913
479381
719412
729618
815644
990101

7 digits

1459108
3800067
3813565
4718098
5675091
8360857
8558931
9061358

8 digits

40146418
83786161

9 digits

283679980

10 digits

1509169650
1793474696
2968859087
3163404492
3847872529
4581764425
5084859994
6563562993
7547859558
9500103000

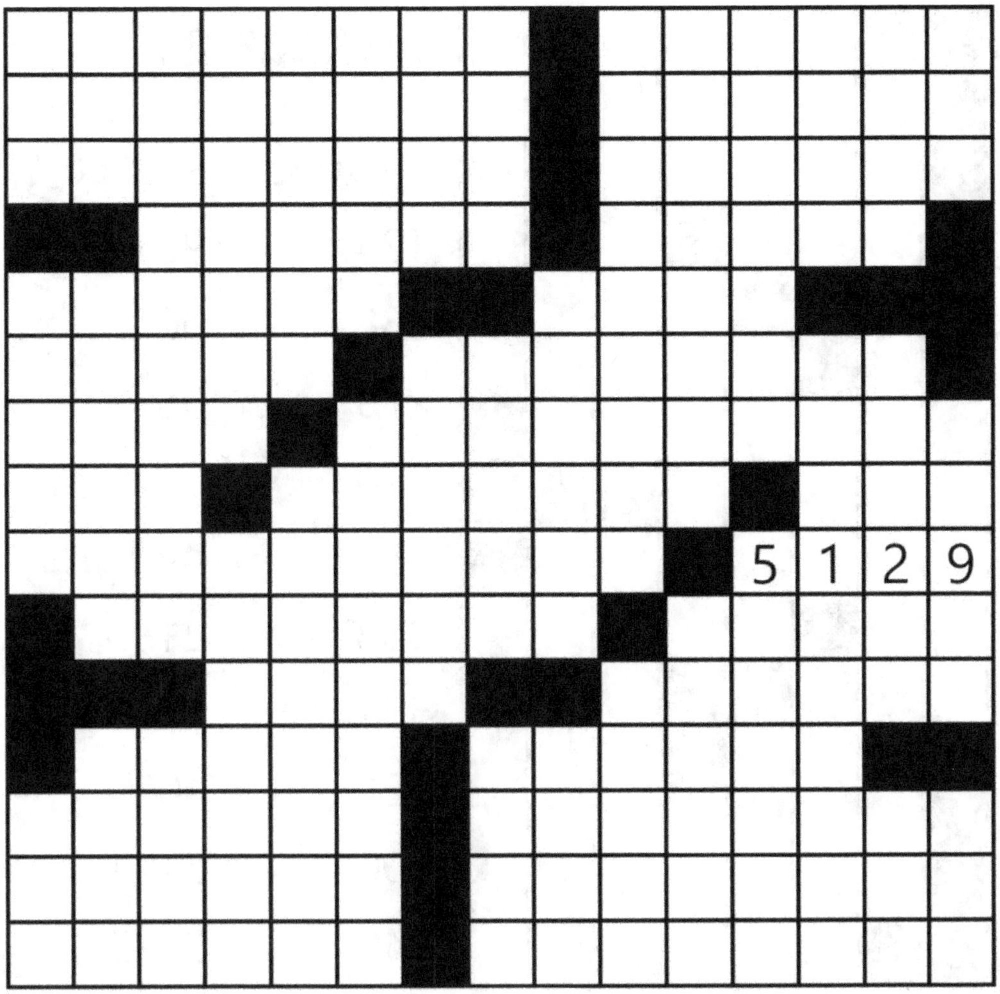

PUZZLE 20

3 digits
104
264
352
389
466
558
662
902

4 digits
2664
3354
3558
4290
4951
5044
~~5129~~
5807
7187
7349
8125
8127

5 digits
16459
24552
36563
36901
46475
52992
66606
71317
84338

6 digits
104380
190536
233110
340628
376086
396162
442426
468621
505827
565652
569817
619789
629822
765256
841611
925897

7 digits
3053830
5668614
5730607
8385866
9394436

8 digits
13264120
15366977
23954834
30615151
33956941
49164564
49432359
54031560
68274452
97081347

9 digits
626408830
703622721

10 digits
3258038120
4331416955
7215826365
9241060255

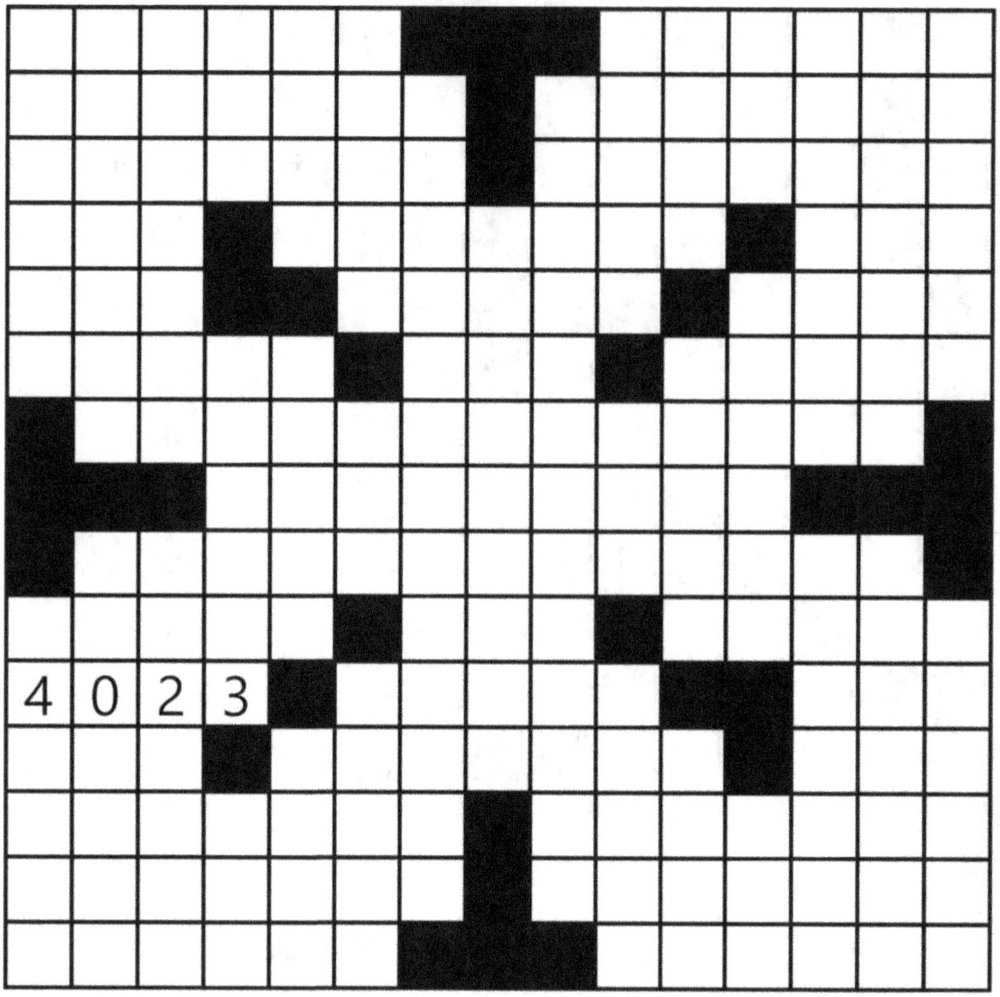

PUZZLE 21

3 digits
124
188
273
310
382
388
391
421
600
649
922
931
960
987

4 digits
2189
2285
~~4023~~
7191
8222
9338

5 digits
23525
31583
49623
53184
57449
58618
64654
72386
72933
75215
90798
98031

6 digits
112006
169024
316295
359023
418866
426927
441343
467322
833218
994411

7 digits
1146282
1624706
1731349
2567147
2579231
3032916
3079122
4338196
4602816
4939218
5258498
6351854
6538724
6598190
7093018
7613010
7757390
9902061

9 digits
868122437
950024142

13 digits
1458110562626
3141804198176
4051611037382
9108052104174

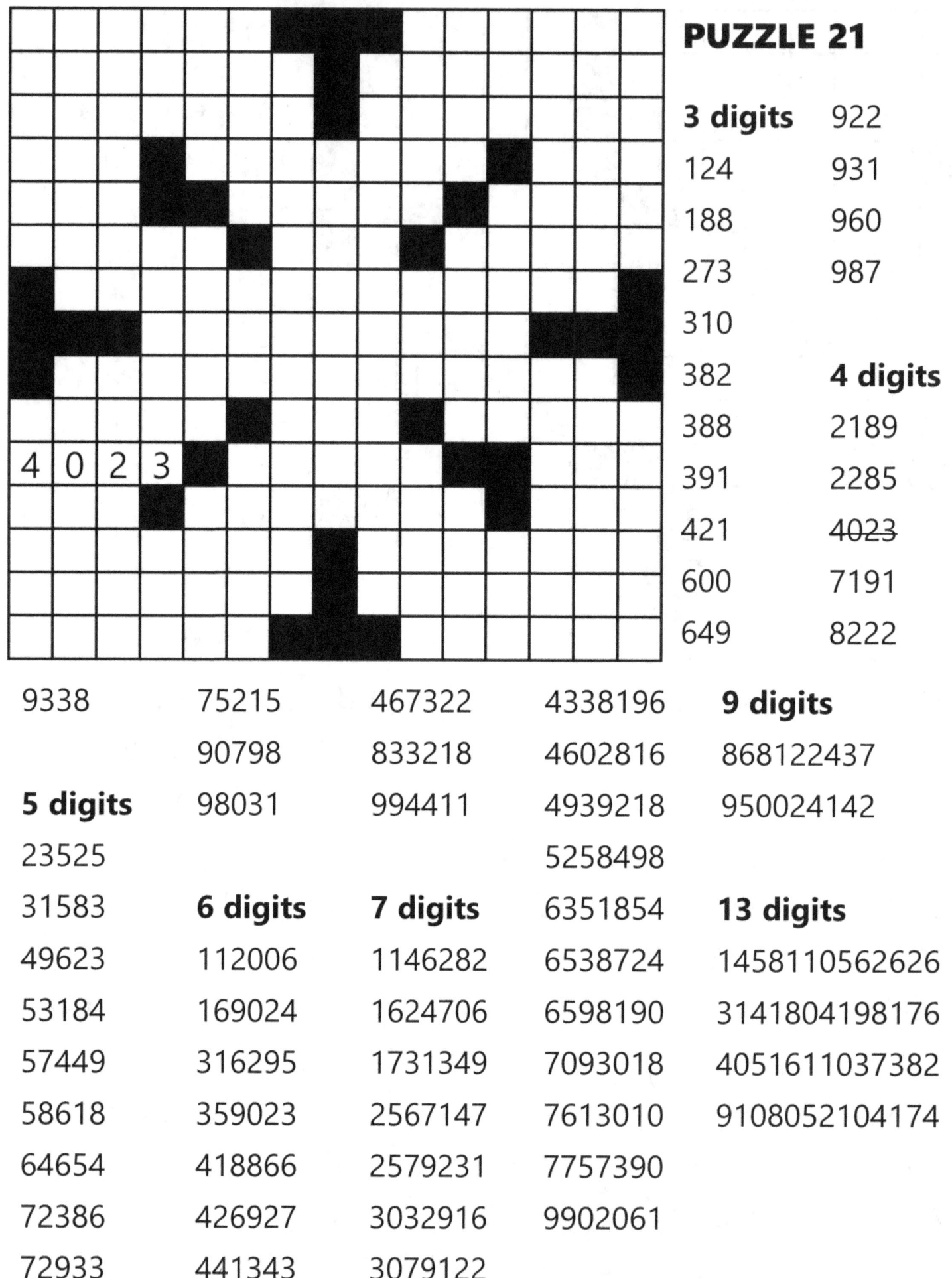

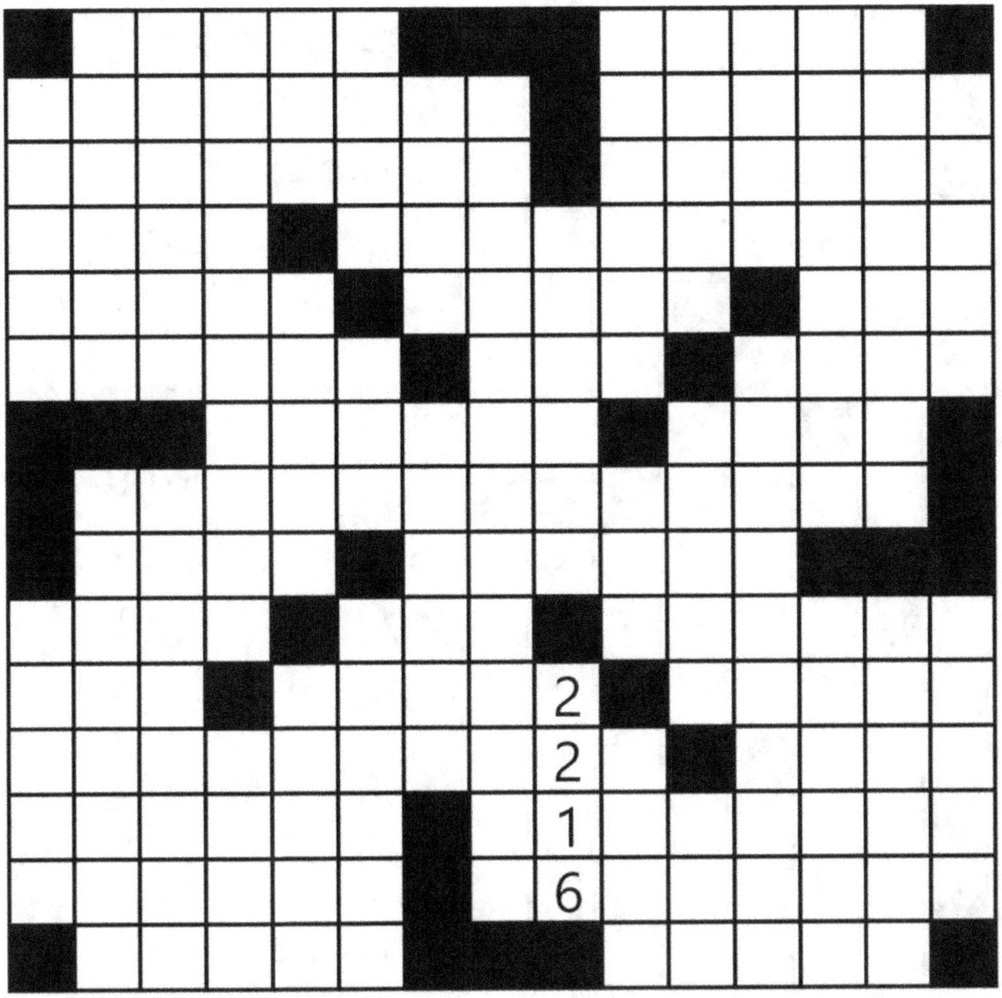

PUZZLE 22

3 digits
132
238
241
333
349
410
642
704

4 digits
1351
~~2216~~
3359
4453
5201
5269
6269
6295
8358
8590
8864
9948

5 digits
15856
20486
38646
45756
48011
50412
52754
54867
58766
62661
66936
70997
71619
73065
78710
97711

6 digits
116366
116963
172594
181579
249591
403935
527489
602537
603604
629570
662252
665141
674447
690281
692329
960117

8 digits
13984513
19223284
31903817
52993680
53445163
65582301
71422539
86533967

10 digits
3289085236
7358831324
9298526958
9676285886

13 digits
3591263434813
4075603201378

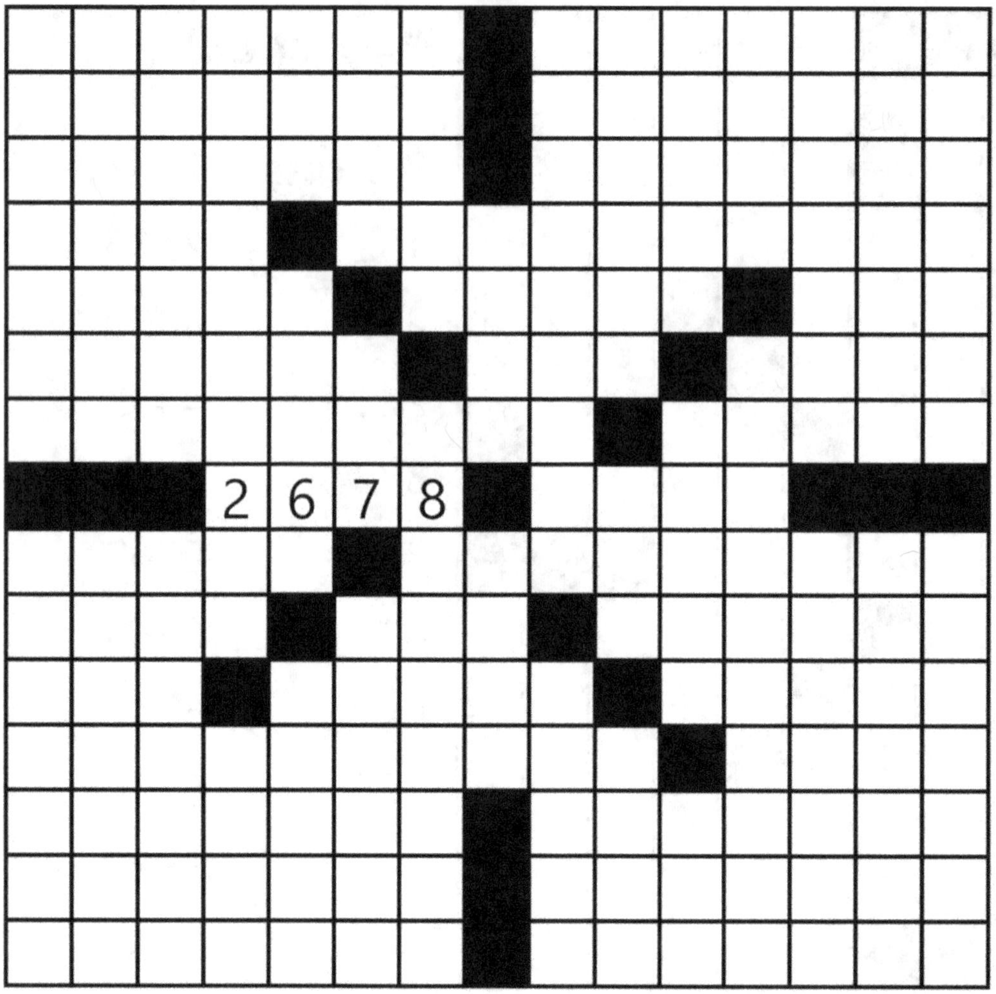

PUZZLE 23

3 digits
107
127
529
599
613
774
929
966

4 digits
2357
~~2678~~
3129
3139
6109
6467
6897
6993
8364
8634
9003
9720

5 digits
26089
36805
43865
52006
54052
59114
66562
79594
81764
83438
85625
91164

6 digits
391211
706857
899169
936002

7 digits
1549013
1836523
1946787
2044335
2238205
2258119
2562420
2857902
3711992
3964827
4226231
4492207
4512637
5209695
5679687
5720347
5846510
5986431
6270605
6625024
7394943
7673526
8680204
9873266

9 digits
135289230
153612272
287644546
780000225

10 digits
2843826217
6490669452
9369564418
9922107681

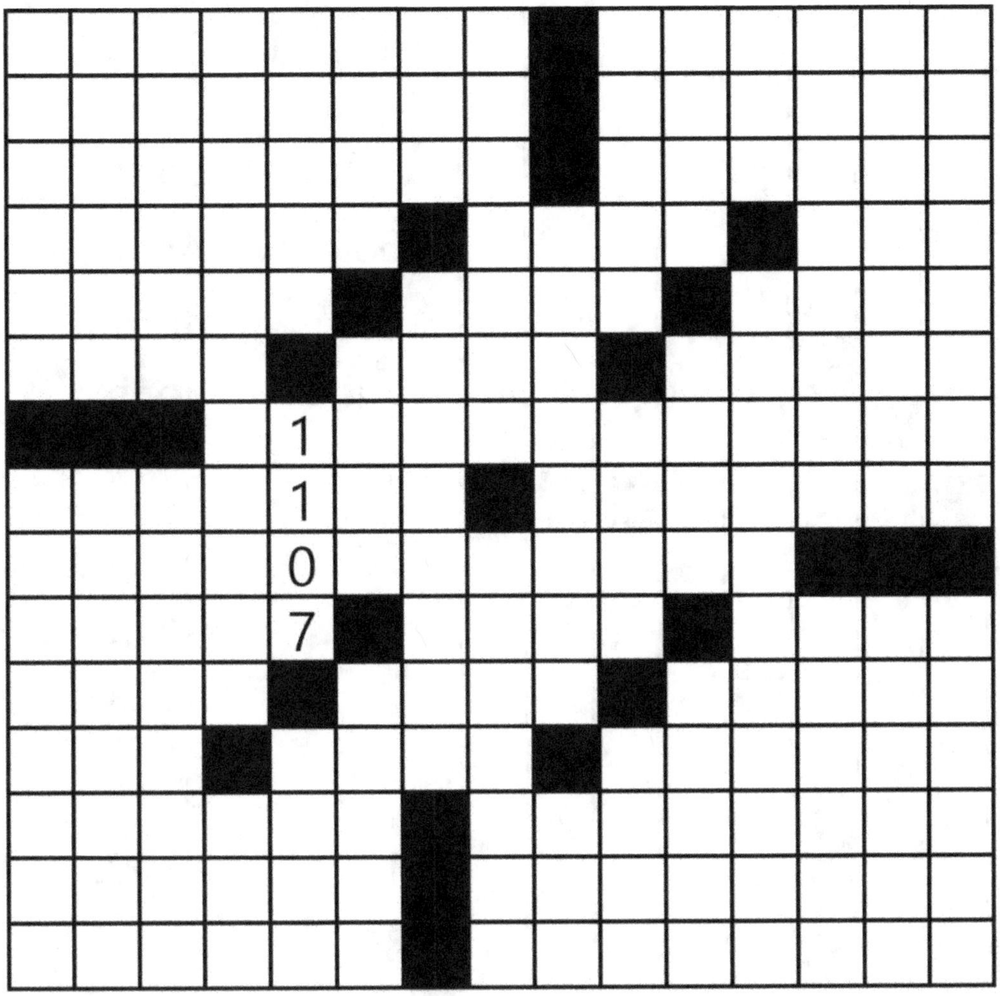

PUZZLE 24

3 digits
102
110
233
297
484
763

4 digits
1082
~~1107~~
1977
2002
2586
2948
3162
3338
4096
4730
6130
6447
6859
8319
8367
8569
8698
8929

5 digits
14437
24031
31621
73805
74469
81531
87273
91248

6 digits
192235
193163
273905
316933
433289
510926
542522
689003
699104
791781
812141
844526
868544
912798

7 digits
1323505
2892636
9250160
9586965

8 digits
23500666
26408919
36303240
41881005
42916928
44711258
59484261
63053244
67783551
71910205
83502315
88613419
95114137
96010750

11 digits
18193040532
27530243333

12 digits
415551895051
569509022190

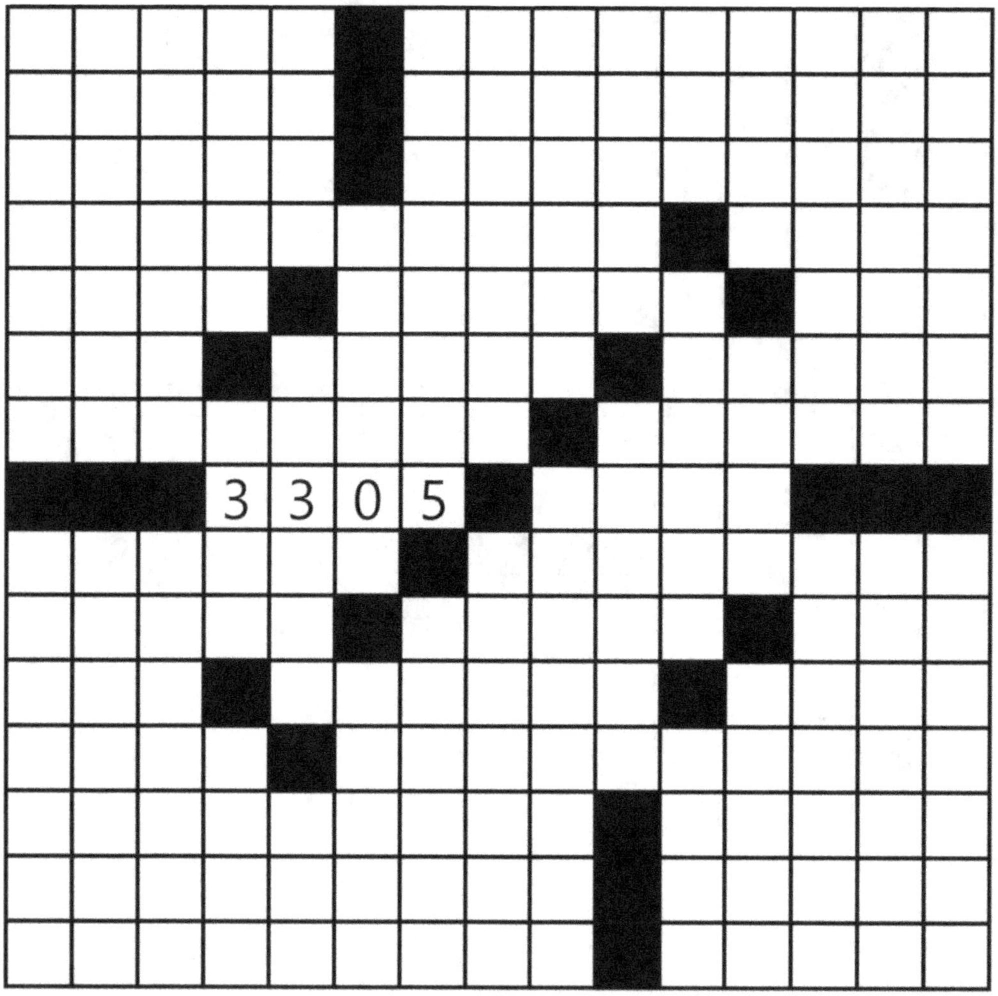

PUZZLE 25

3 digits
160
163
183
519
738
822

4 digits
2103
~~3305~~
3548
4307
4837
4953
5174
6434
6814
7538
8134
9300

5 digits
14613
20109
21257
37226
38654
42155
47000
61308
65630
65782
67774
73564
75205
92102

6 digits
267148
273764
316011
360727
436275
731077
773192
815110
817586
835001

7 digits
1031414
2343045
3278636
3457515
4619055
5668493
5928121
6112637
6183952
7073821
7167353
7517360
8185061
9020007

8 digits
24245860
35397007
49746205
64778842

9 digits
315527636
494915577
642324470
649987768
726107271
903261905

10 digits
7325665593
7780784020

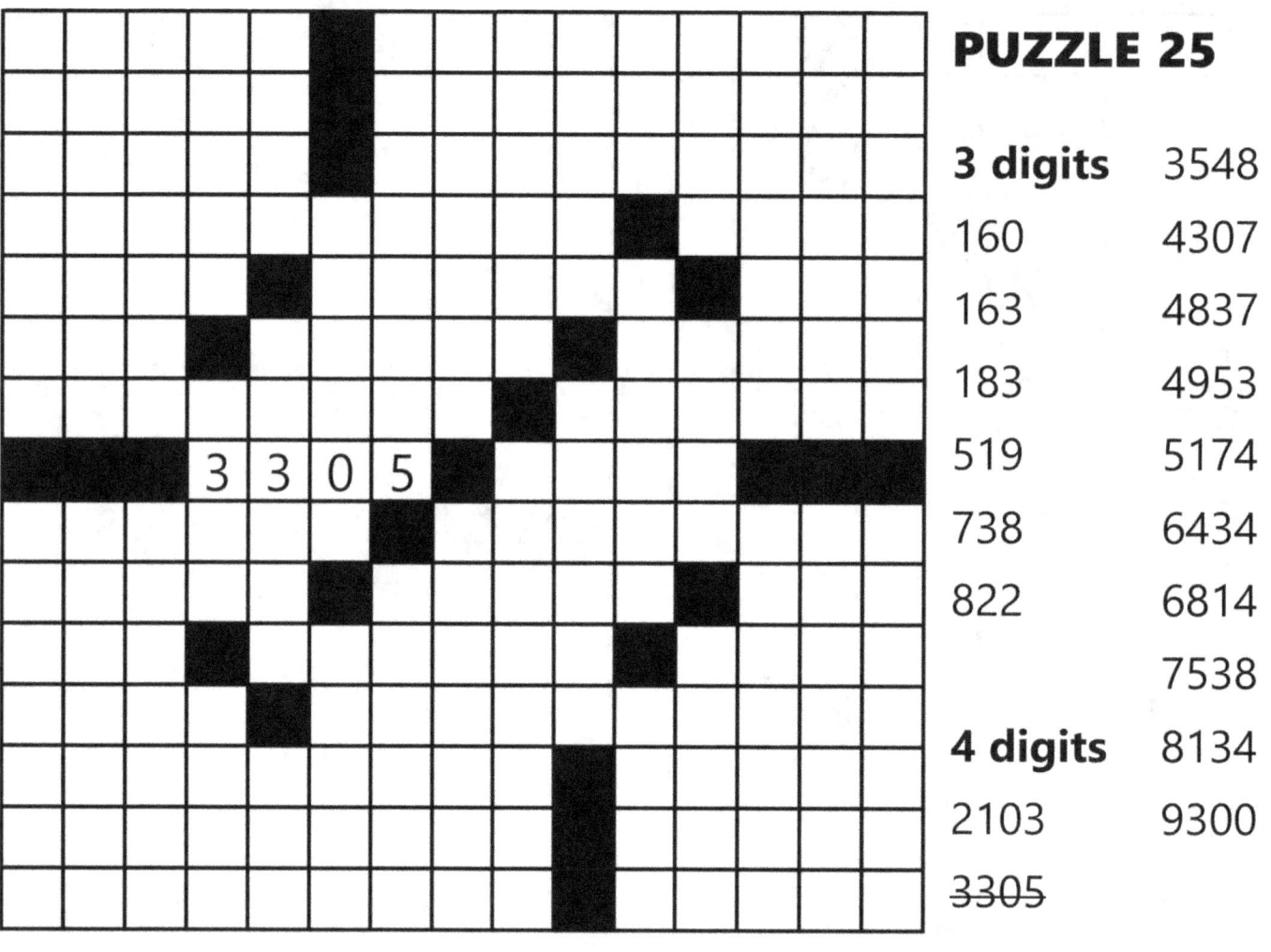

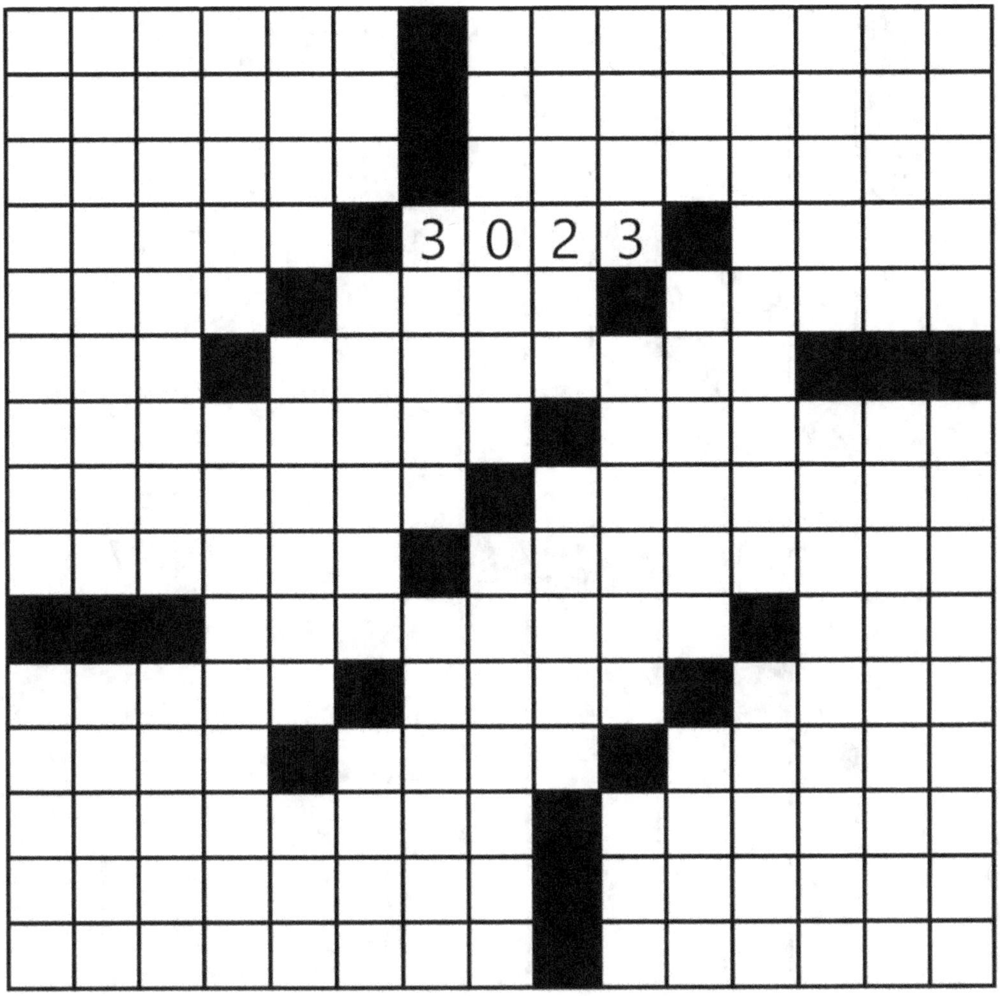

PUZZLE 26

3 digits
168
491
714
795
875
897

4 digits
1264
~~3023~~
4462
5181
5840
6102
6905
7601
8206
8258
8821
8883

5 digits
16722
20450
20586
31044
50283
60568
61804
65326
67468
72164
75380
76962
80494
96600

6 digits
171592
185306
329748
364187
452113
487220
629165
646597
658224
687904
808786
837091
916247
936871

7 digits
1820073
2784904
6446724
9010162

8 digits
14876627
27841343
47487811
62909216
65070835
78898843
82445132
88812505
90076984
90440591

9 digits
199892357
212629847
396714761
621865446
744753676
808908098
965901804
969961841

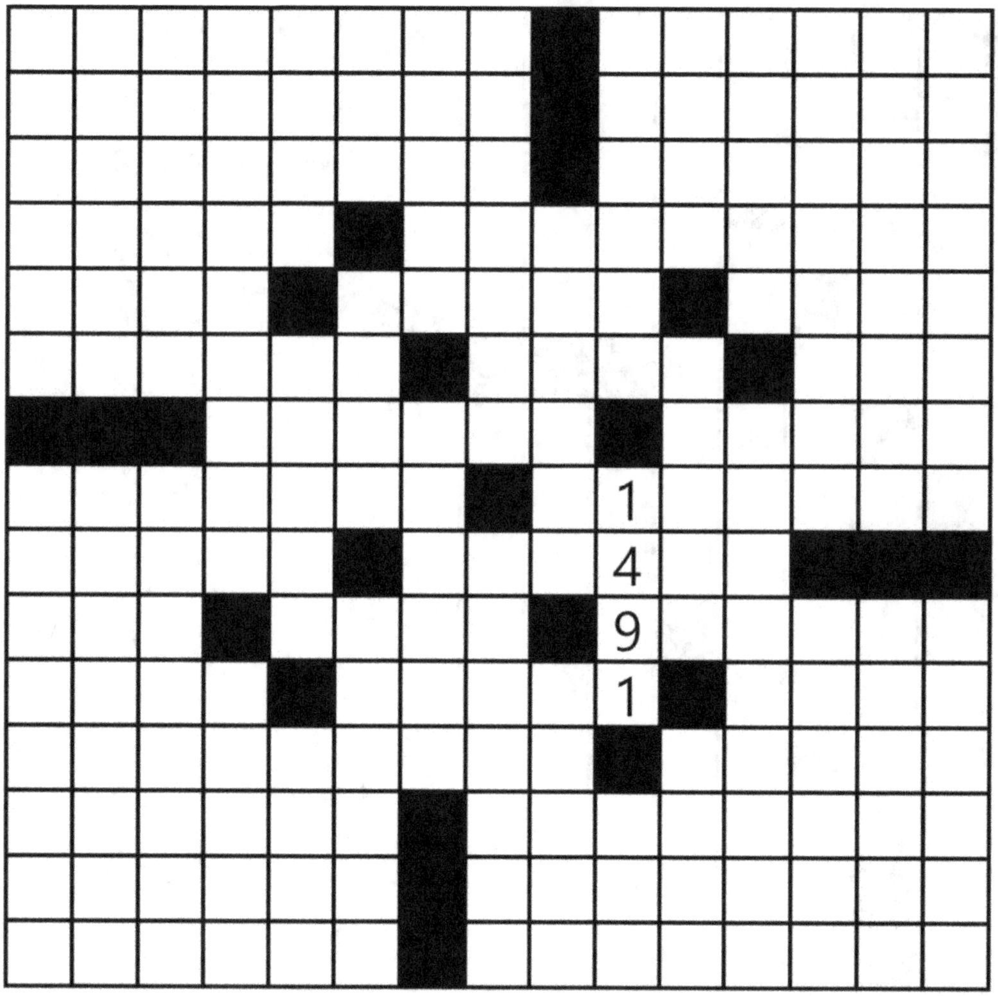

PUZZLE 27

3 digits

109
208
248
811

4 digits

1271
~~1491~~
2441
2954
4169
5493
5616
6830
6952
7837
7997
9400

5 digits

12258
16705
17031
32385
34932
37567
41193
63171
65149
69213
73406
80564

6 digits

176539
186407
194137
285368
356669
418041
490769
492916
493458
507290
511841
542271
621072
651480
653576
654037
700554
760935
805961
959141

7 digits

1176734
3365116
4679192
8003287

8 digits

25283175
26796263
48828575
51085816
52446127
60147001
61896934
75140701
77501013
77874799
85629433
86036363

9 digits

754038409
870228237
928309396
967973364

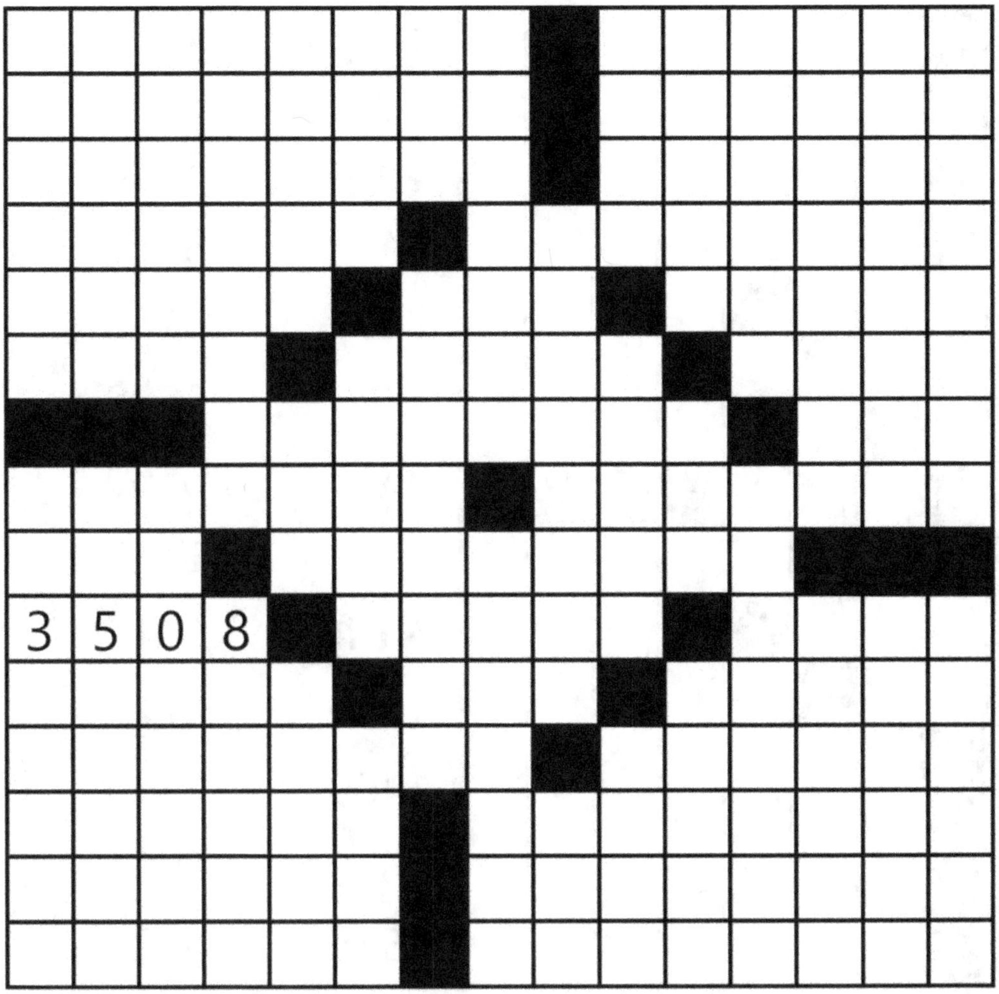

PUZZLE 28

3 digits
369
504
505
732
781
856
901
903

4 digits
2109
~~3508~~
3771
3964
7925
7982
9723
9862

5 digits
17305
19662
24708
26172
42141
44052
49111
49355
53944
58102
59973
80868

6 digits
276083
293994
385667
449567
466459
520636
537143
643397
710678
734175
765587
807551
816181
847419
956353
996483

7 digits
1188661
1477501
3943014
7604635

8 digits
15328748
15426333
20240277
31981976
35491225
39343839
40541641
41209169
43795016
57931833
60601884
65112613
65910401
70023094
74072596
78464899
81270368
87524233
92611676
93487271

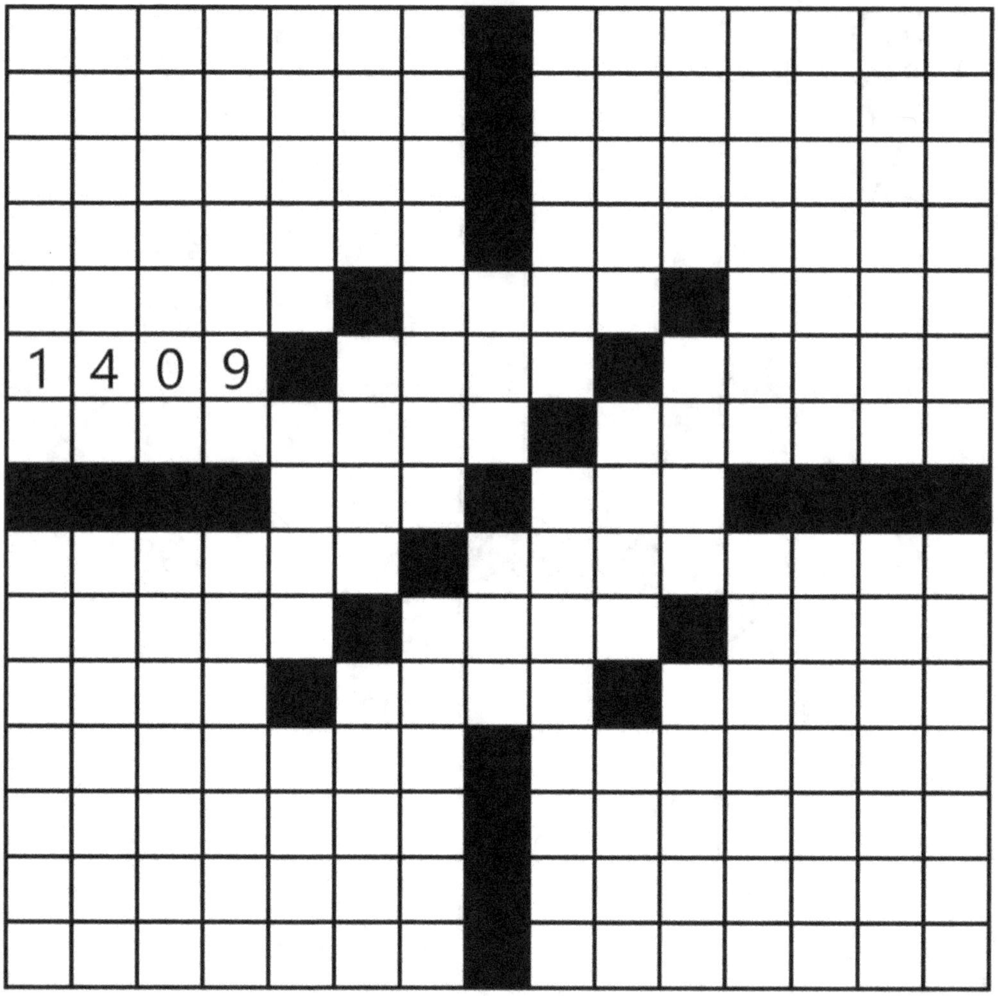

PUZZLE 29

3 digits
141
263
619
952

4 digits
1130
~~1409~~
2675
3515
3616
3750
5166
5888
6160
6423
6713
6723
6849
6967
8530
9401

5 digits
11081
17281
18716
31550
37582
41706
55030
60743

6 digits
175913
210886
375995
684569

7 digits
1318730
1461835
1484237
2091478
2172142
2818849
3432218
4002916
4037680
4226862
4246152
4342009
4594114
5135715
5310481
5554029
5720099
5733933
6576891
6597821
6683621
6755360
7150045
7537366
7820505
8494879
8548484
8678547
8957302
9007127
9007219
9747266

8 digits
25626889
29138865
42913781
99701659

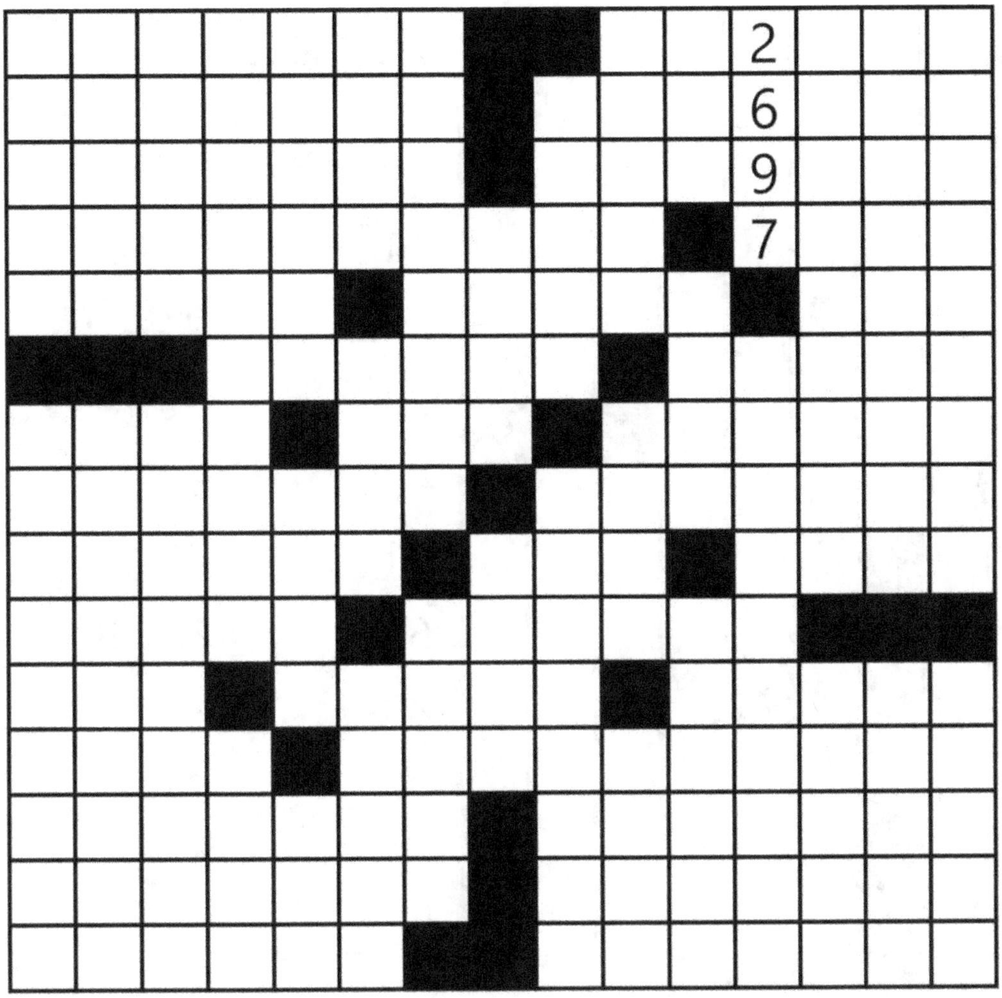

PUZZLE 30

3 digits
305
323
431
446
640
904

4 digits
1111
1216
1298
~~2697~~
3116
4728
4796
4965
5457
6943
7775
8265
9101
9677

5 digits
14706
17121
26833
31218
39319
44716
47487
61033
62727
66031
70994
71627
81363
87569
95976
97890

6 digits
225503
448342
462776
477579
500353
526227
737816
818838

7 digits
1709447
1774490
3247155
4280279
4913107
5261485
5899388
6446781
6534037
6858862
7985443
8864866

8 digits
30238535
54773448

9 digits
122627850
135634565
146039930
617541857
774791846
784702387

10 digits
2966353901
5486921723
6483179145
7819999034

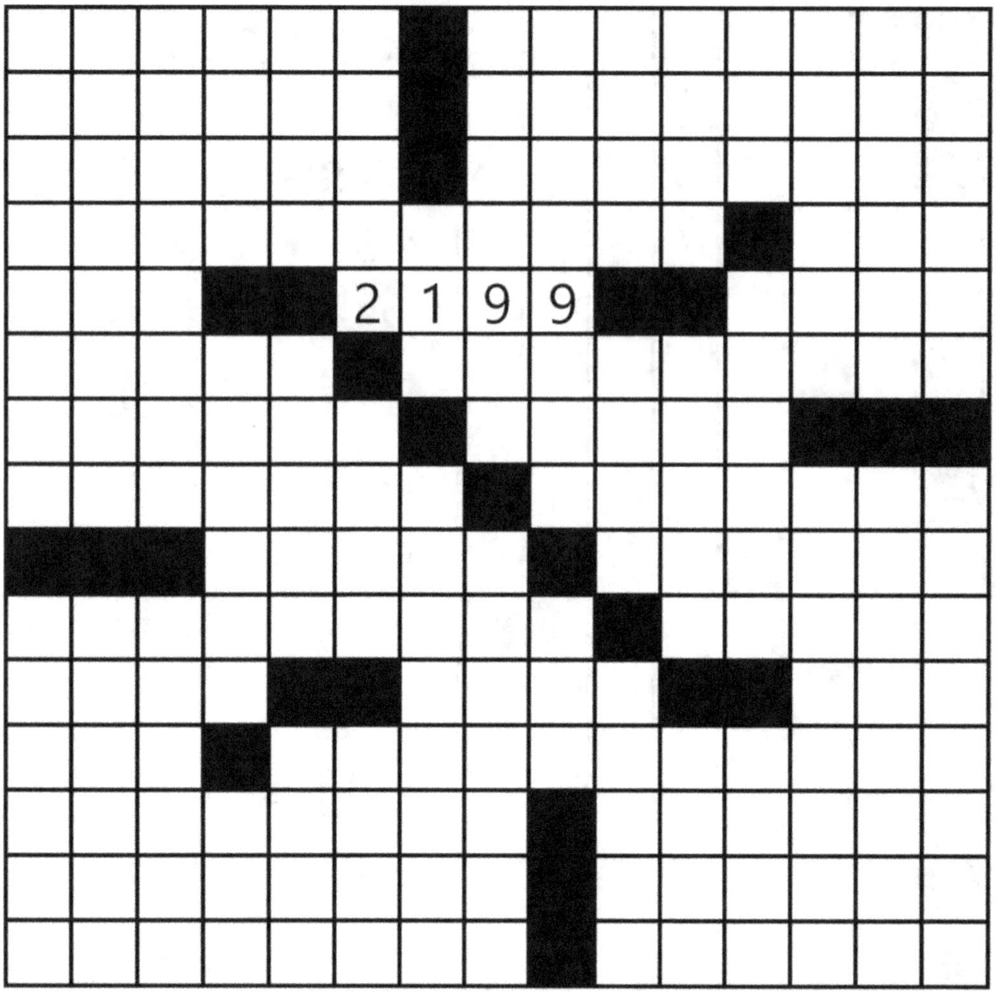

PUZZLE 31

3 digits
112
172
217
438
512
632
802
879

4 digits
1703
1972
~~2199~~
2674
3203
3683
6389
6409
7178
7354
7774
8428
9226
9998

5 digits
24011
48378
50036
61402
62114
70807
72937
79212

6 digits
272623
292439
307554
322167
469867
498001
545892
663640
692284
702464
717282
800928
836993
926385
932094
954004

7 digits
1740977
1751996
6378232
9957872

8 digits
15174596
23777642
36626462
42788749
50373922
52758522
56249521
69167299
72111669
76933439
78123743
84218043
92799985
99012149

9 digits
295765244
962573731

11 digits
36782839213
86989151424

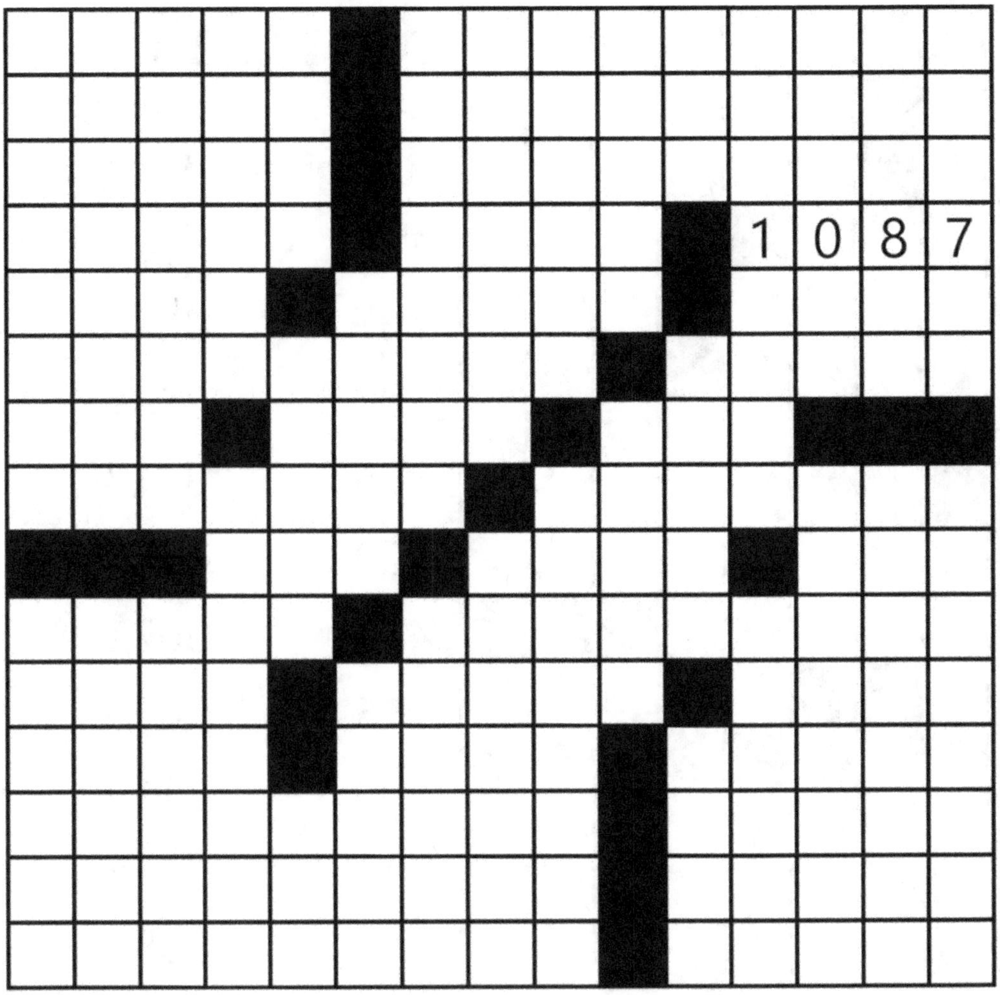

PUZZLE 32

3 digits
309
443
568
607
898
909

4 digits
1038
~~1087~~
3374
3385
4397
4783
4815
4997
5441
6031
7080
8290

5 digits
10375
10452
14088
14491
30643
35627
44332
47627
68865
77401
77968
78738
79292
83472
91185
92020
96528
99800

6 digits
110435
208217
370994
418509
492785
643837
744248
785084
787385
992003

7 digits
3713160
5593466
7847135
8643267

8 digits
13426673
30992433
35149396
38053305
49195745
59307382
68004639
73381474
79424645
90911077

9 digits
140499232
173627493
235355414
383899964
480062367
567300949
766717364
859588504

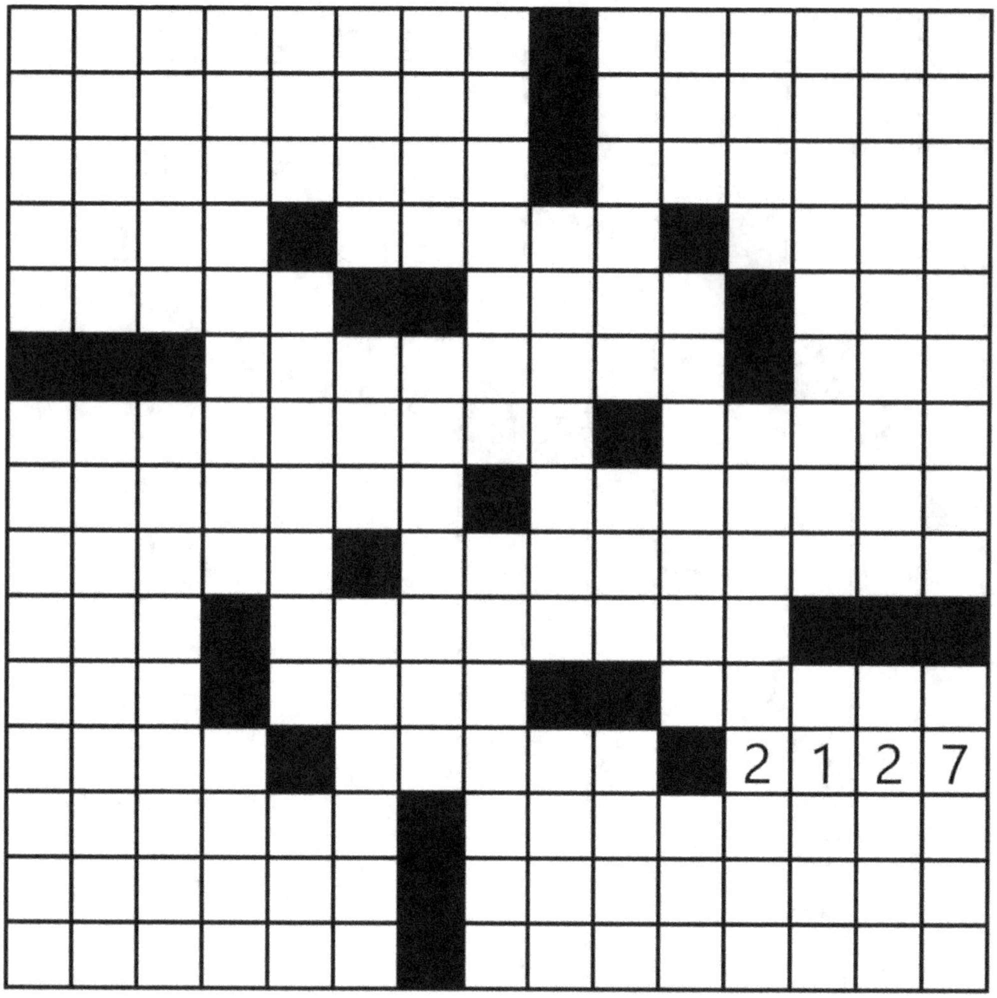

PUZZLE 33

3 digits

135
157
207
345
359
439
515
590
712
916

4 digits

1246
~~2127~~
2911
3418
4656
5071
6000
7179
7215
7352
7947
9551

5 digits

49787
58274
65934
67798
68560
71366
71589
73749
74366
87015
87817
92107

6 digits

126972
157943
201071
213914
605021
655576
814052
913010

7 digits

2055703
2961103
5412365
5914778
6954351
7483015
8129209
9176086

8 digits

16749688
32635310
53779950
55693675
61554601
67815792
74350221
97840455

9 digits

174887146
346152637
347184939
366241982
411872543
417131604
450101447
498032110
755794341
995917314

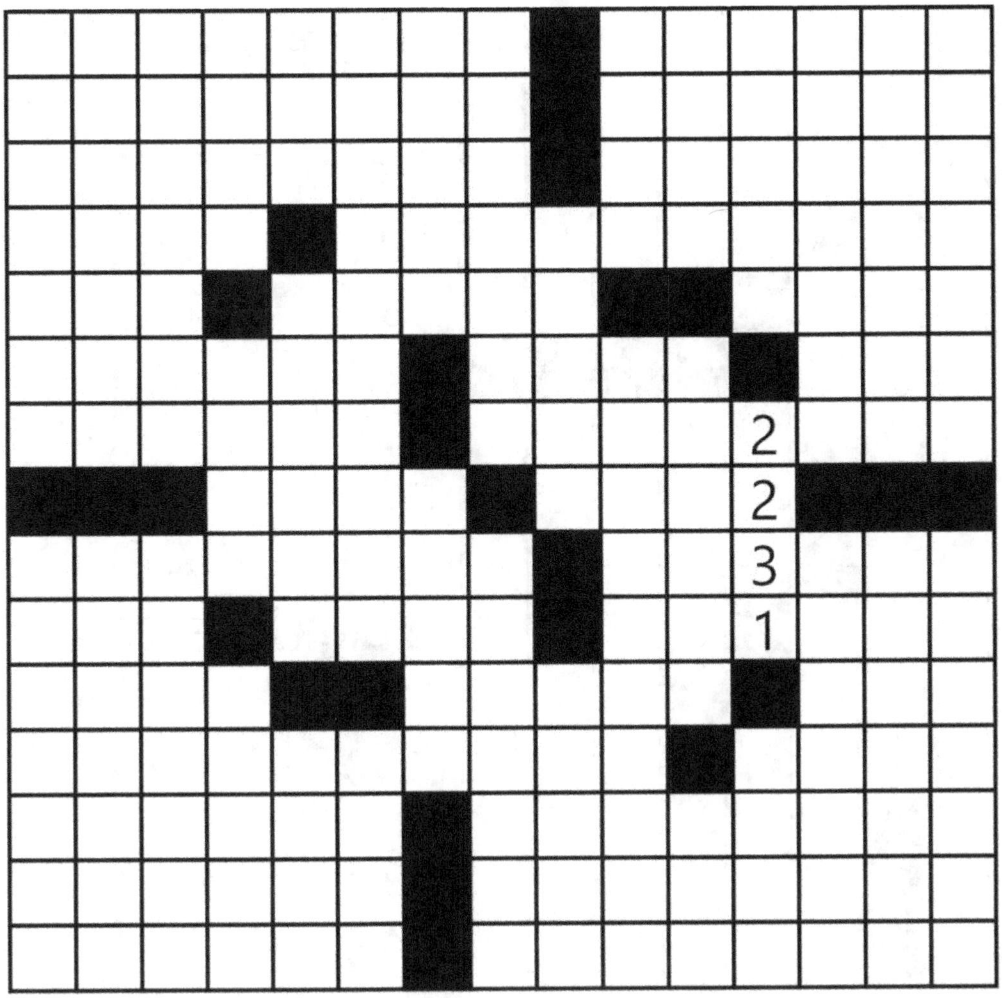

PUZZLE 34

3 digits
177
413
447
476
510
680

4 digits
~~2231~~
3117
4177
4189
4275
4534
5794
5853
6476
6504
6578
7639
7643
7722
8967
9200

5 digits
20091
46640
54067
68219
70837
71005
76596
82646

6 digits
231087
263314
336672
352639
416259
433717
484669
652975
748223
773071
778549
861098

7 digits
1461034
1810918
2121838
2770718
2873644
2969447
3055367
3527633
4676318
4704787
5081762
6715767
6939453
7442787

8 digits
21778787
22184676
33152783
69777618
70115397
72667053
76435245
81494969

10 digits
2561547108
5172218177
5997944907
6905679722

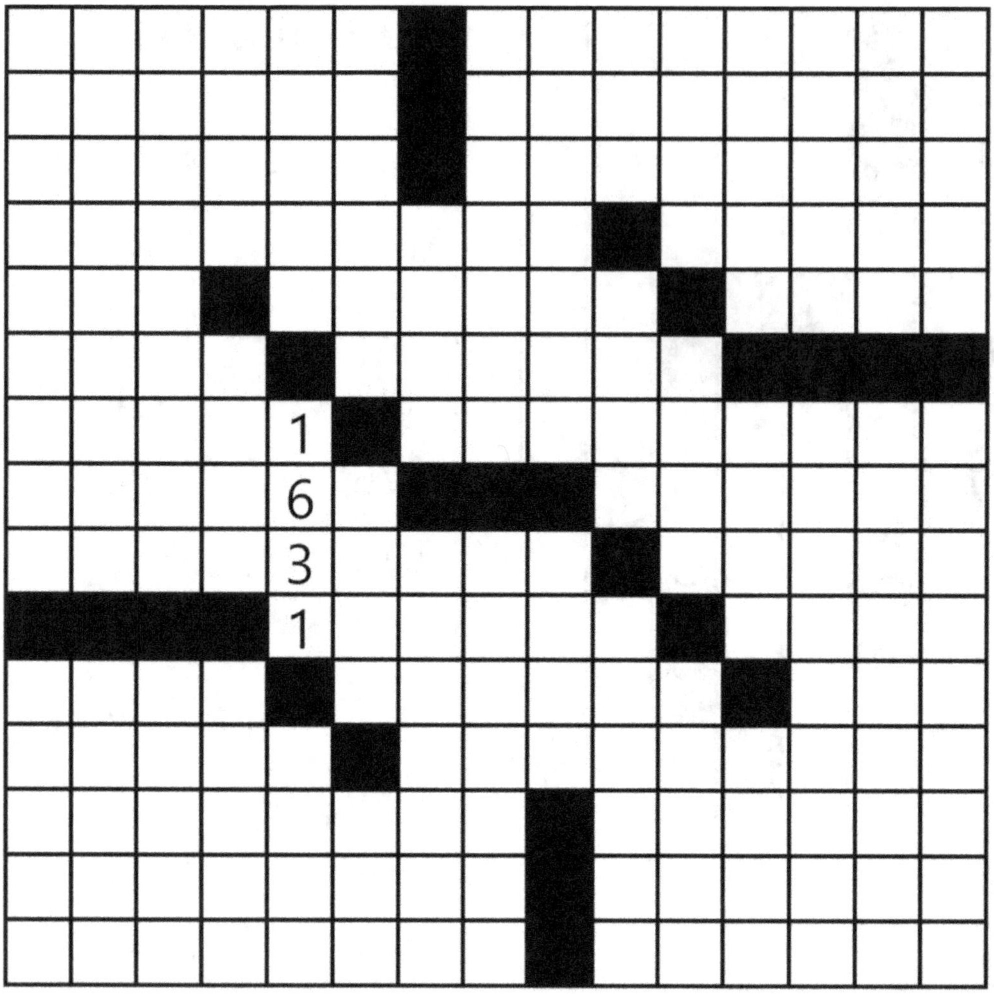

PUZZLE 35

3 digits

192
296
465
468

4 digits

1305
~~1631~~
1644
2409
2922
3086
4298
5524
5589
5873
6028
7579
8578
8709
9001
9461

5 digits

18139
23092
46056
48059
52804
59875
60265
60989
69085
70851
82999
89862
95588
96790

6 digits

102224
117751
184279
291526
490757
500998
597712
607903
645761
793264
798447
827789
860559
881792

7 digits

1770899
3209420
4227774
5209372

8 digits

10009443
27282808
27950932
38552627
41156525
95962502

9 digits

107662857
266985870
529442472
727833354
778666416
861690042
881226767
899185724
949002578
998025265

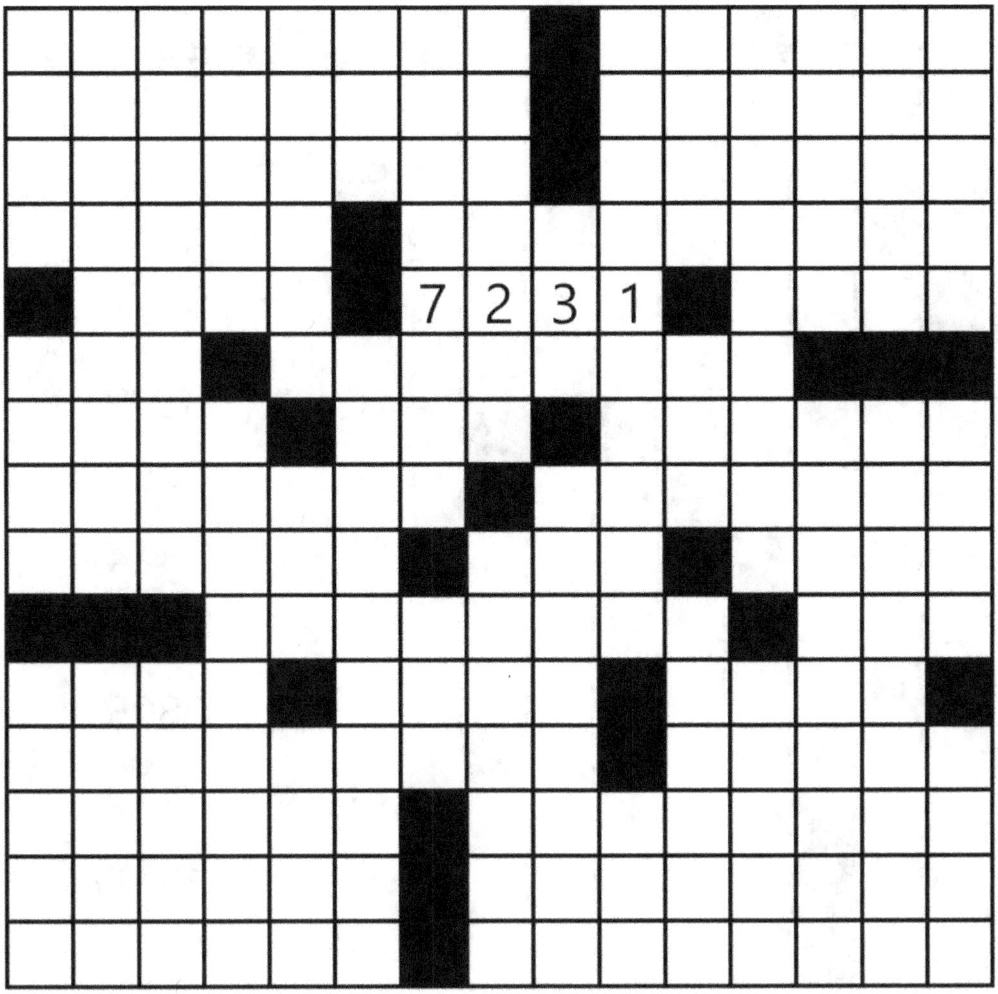

PUZZLE 36

3 digits

130
225
252
279
525
578
592
709
841
977

4 digits

1019
1314
1943
2185
2387
3363
3509
4658
5039
5137
5299
6465
~~7231~~
7769

5 digits

12006
35907
37316
39373
47145
55361
59727
60438
77108
79109

6 digits

143530
318931
397855
420925
436186
513337
581378
584878
633122
833579

7 digits

3455442
5948552
8998958
9373229

8 digits

15627378
18529753
26127403
32236236
34007867
52817903
53422646
54320526
55213519
97259236

9 digits

231947010
243097040
250142194
338776055
584765098
705321286
940703964
988983513

10 digits

4258211068
5839154453

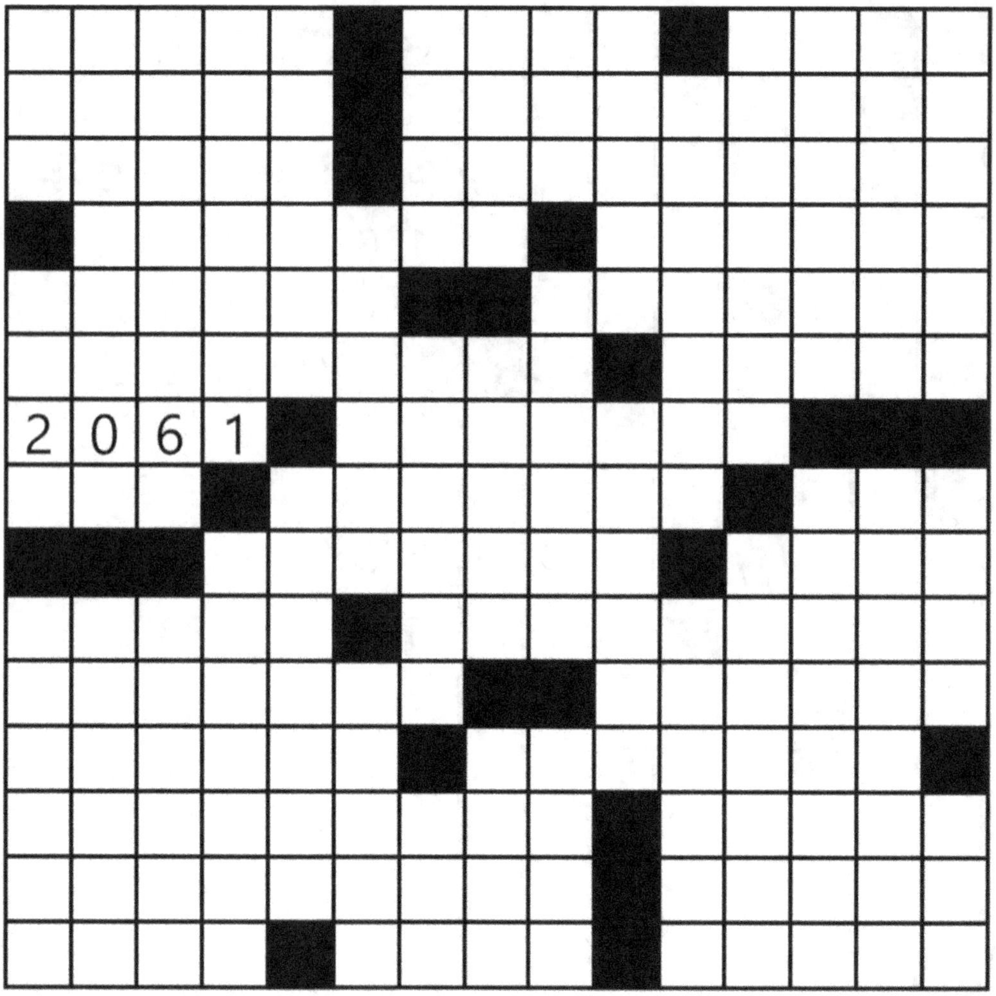

PUZZLE 37

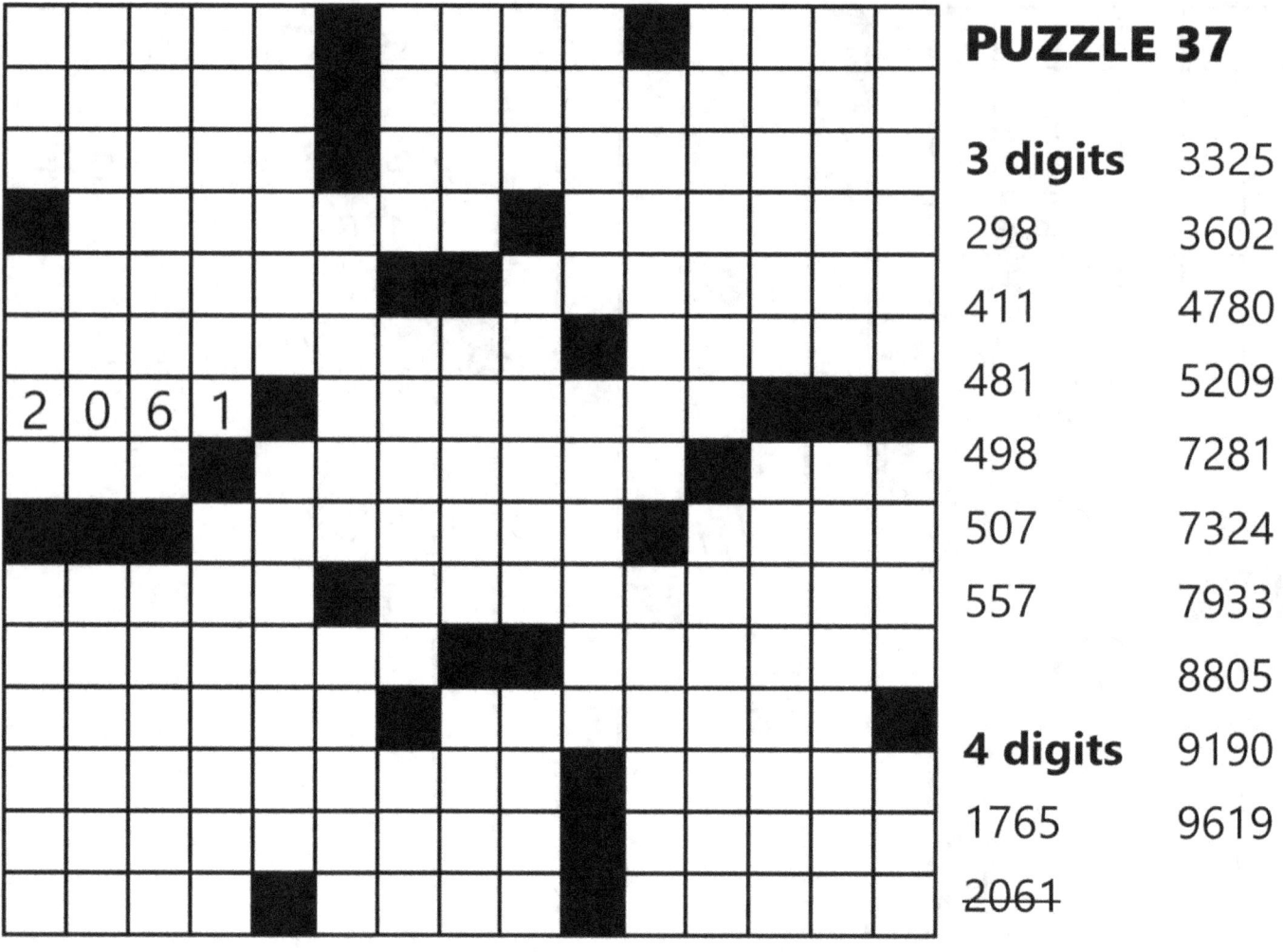

3 digits
298
411
481
498
507
557

4 digits
1765
~~2061~~
3325
3602
4780
5209
7281
7324
7933
8805
9190
9619

5 digits
12729
13739
19039
20958
31214
44955
45624
64448
80924
89953
93667

6 digits
197043
248307
260332
313788
364116
367629
449316
516460
594028
618685
622470
695316
732702
752449
987688
993518

7 digits
1586103
2237171
2561482
3209391
3670014
5485726
6573312
6698993
8016291
8120012
8607375
8693503
9177134

8 digits
50966300
51146134
56002274
69054267

9 digits
269485519
332767284
337561013
674317427
808908284
887742108

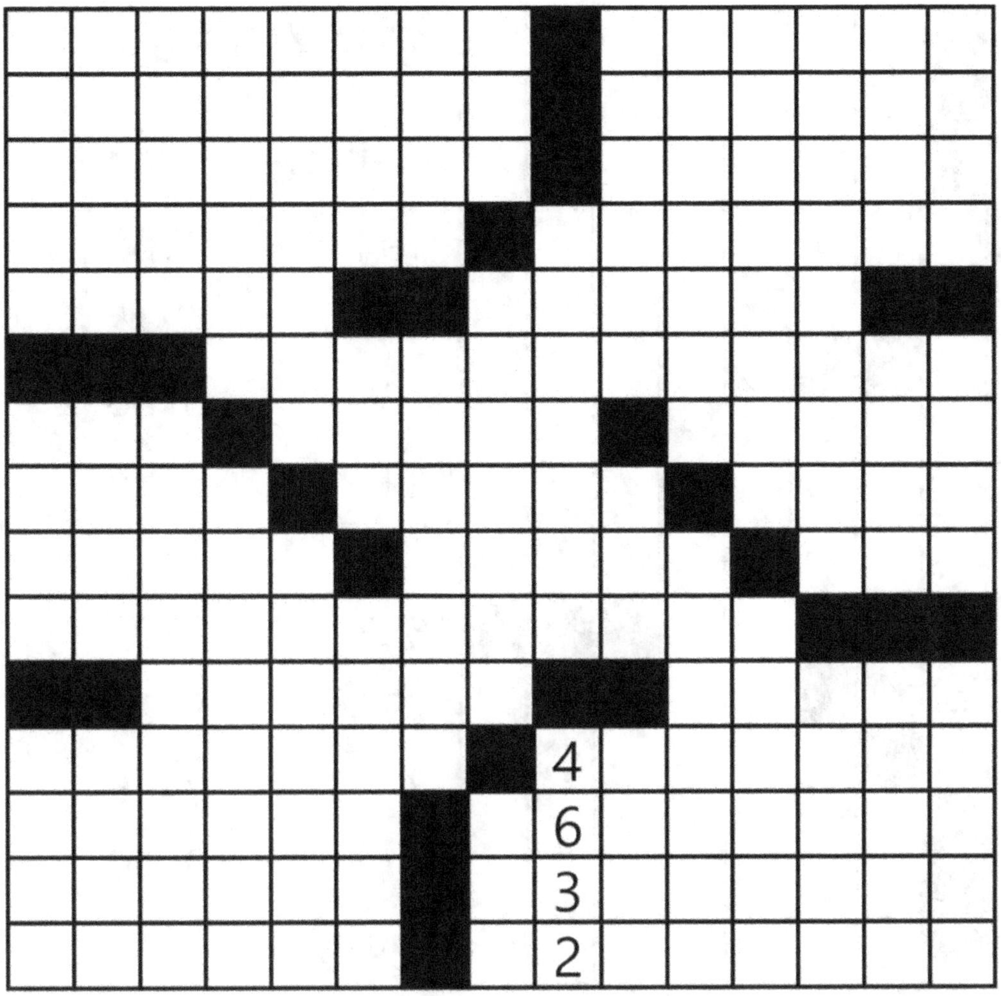

PUZZLE 38

3 digits
162
337
478
609
682
905

4 digits
1281
1545
2212
3632
3713
~~4632~~
4733
5198
5276
5913
6527
6901
8046
9192

5 digits
22546
28606
33754
40119
43345
49206
51929
55434
73906
90076
93560
95275
95620

6 digits
165244
229293
260018
419654
436704
469173
484993
549069
675475
897927
902413
937371

7 digits
1339692
1964019
2624986
4196395
5505348
6049388
6466496
6945063
7627511
9343221
9602479

8 digits
13573100
31163232
46237724
59961589
73880503
82184464
95653945
97956552

9 digits
211624579
691092223

12 digits
516169546904
596756315236

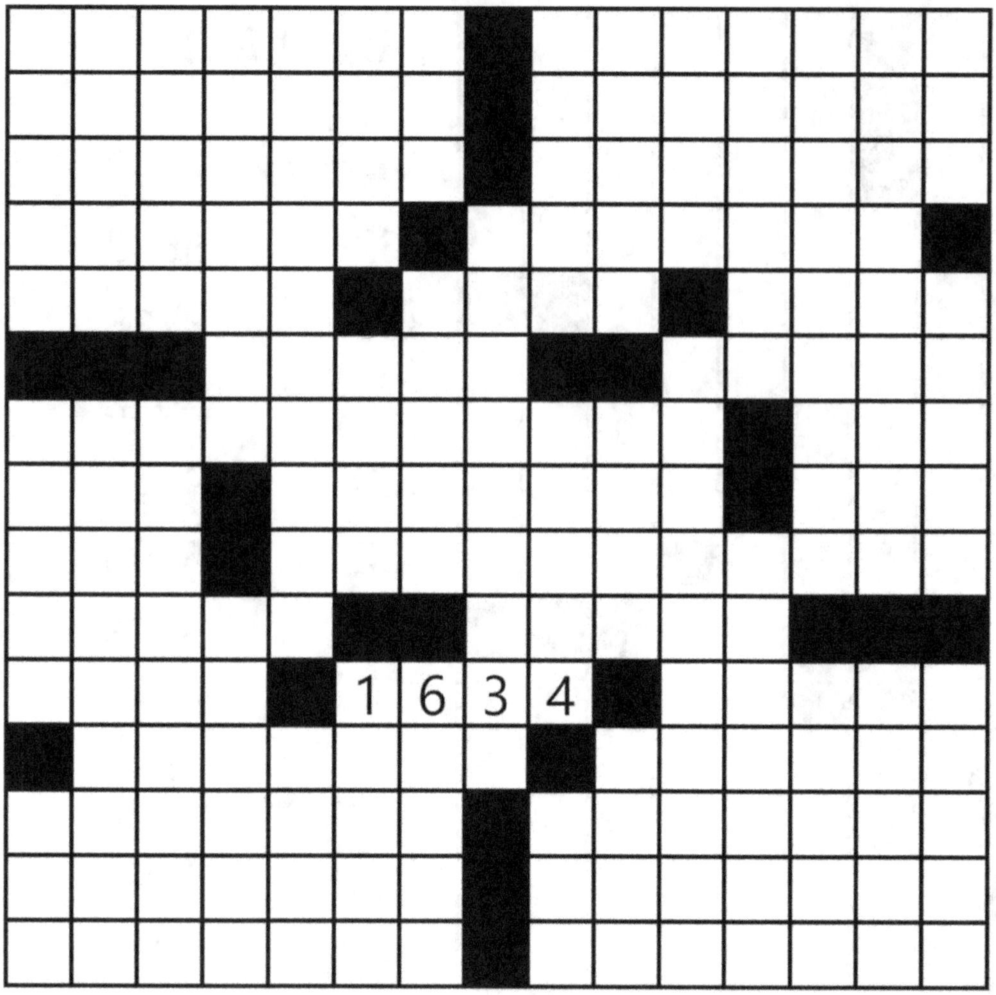

PUZZLE 39

3 digits
194
286
406
441
511
655
792
873

4 digits
~~1634~~
4108
4215
6788
7134
7210
7503
8325
8426
9800

5 digits
10675
11860
12804
13399
14981
31227
36180
36511
38554
46746
51540
53922
56156
66511
69961
76373
81390
86797
93003
94017

6 digits
450249
586103
711363
712438

7 digits
1635664
2314379
2541194
2911185
3120841
3591386
5167167
6113401
6114244
6639070
7359164
7531073
8384414
8970361
9029099
9914246
9985288

9 digits
164816597
371615991
468829615
731101171
986242137

10 digits
1033766616
6340711321

11 digits
10728202570
33766202183

PUZZLE 40

3 digits
261
315
874
907

4 digits
1592
2583
3031
3151
3172
3534
3759
4266
4297
6137
6684
6983
7010
7068
7317
8057
8885
~~9605~~

5 digits
10593
11649
16867
24568
28365
36893
37995
44088
48289
56167
63081
66306
68461
68541
73753
77219
80525
81087
89958
96385

6 digits
335119
620217
704574
709661
766396
769789

7 digits
2412428
2749618
3532160
5877813
5916755
7087582

9 digits
213452785
334987889
374357837
519579553
671624332
702186016
763922285
915358595
932682483
947601936

10 digits
5263674675
5513733039

11 digits
48189129344
81974020889

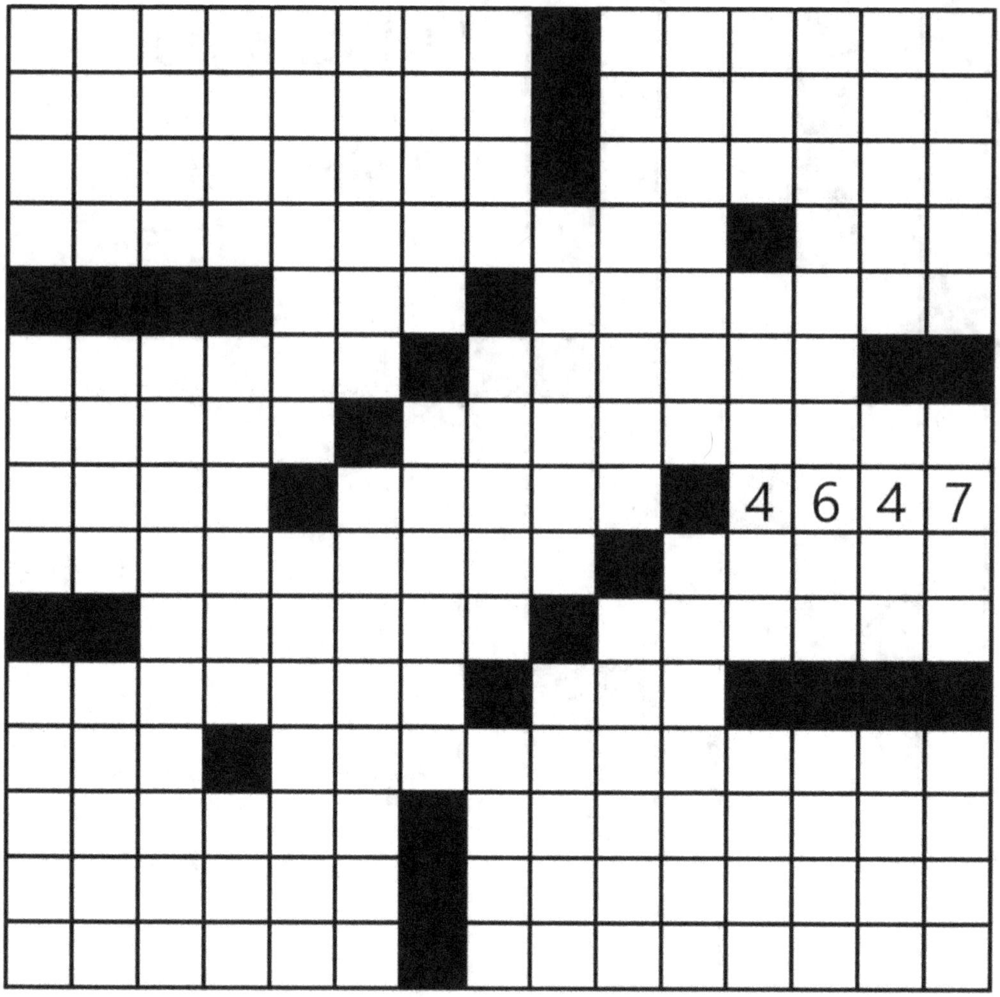

PUZZLE 41

3 digits

176
306
394
436
503
906

4 digits

1461
2287
3182
3567
3869
4473
~~4647~~
6046
6388
7466
8683
8692
8909
8920
9700
9924

5 digits

10303
18350
31960
36808
44362
46336
53289
56760
60125
91866

6 digits

114851
213527
317004
345932
376033
387216
445095
497461
664326
684772
709061
711060
790782
822074
921214
953349

7 digits

1644932
2170409
5147385
5358478
5621471
7445274

8 digits

14377749
18385392
19734908
20253469
46593412
68625588
86887246
93346570

9 digits

368797779
829074731

10 digits

2009957670
4809626323

11 digits

13708967140
57631074963

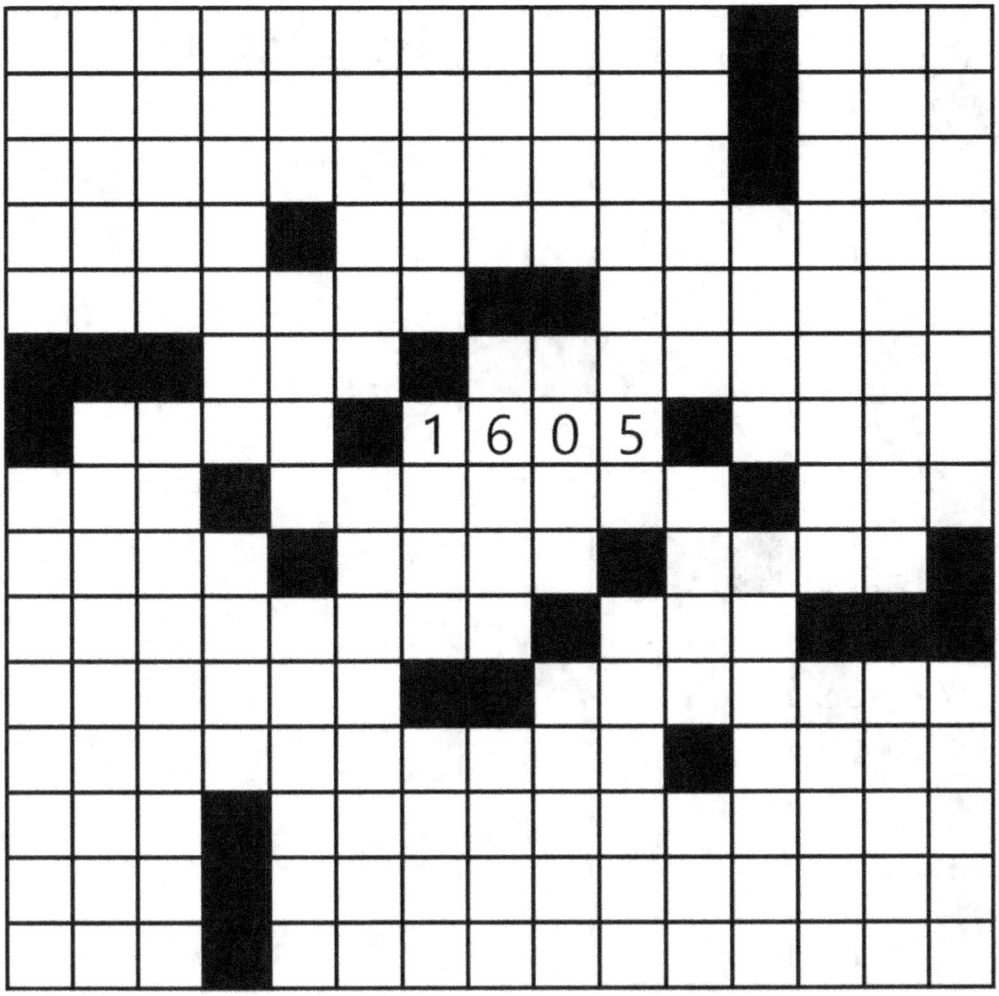

PUZZLE 42

3 digits

118
164
185
210
397
417
482
490
610
644
797
862

4 digits

1310
~~1605~~
1909
2171
3061
5196
5746
6801
7001
7177
7205
7839
7990
8034
8173
8389
9560
9997

5 digits

28394
38317
46974
73113
80586
83888
90208
94710
99772

6 digits

135508
377999
708406
719297
794718
840475

7 digits

3439637
3482890
4349247
5798930
8909839

8 digits

42257745
43183026
45797153
48026674
67173204
67685318

9 digits

100102752
419902960
614340916
712745986

10 digits

2116957392
5526777804

11 digits

13242970975
38038148153
72944796541
94038113817
95146800872
97005729837

PUZZLE 43

3 digits

216
231
272
440
516
534
621
679
914
919

4 digits

1147
1228
1854
2113
2592
~~6318~~
6610
6958
7209
7816
8238
8955
9249
9397

5 digits

16255
22084
29585
45564
66603
68982
74537
85514

6 digits

193322
321775
569042
575031
687225
797289
871728
973991

7 digits

1549419
1943662
2312893
2961751
3818358
5487340
5555140
6289641
6694952
6845856
7371522
7547564
9421732
9809415

8 digits

30759789
33164135
49534528
70046865
70253587
81655461
84941497
95468071

9 digits

255793447
416126485
683118245
728562219

10 digits

2860147317
4541625456

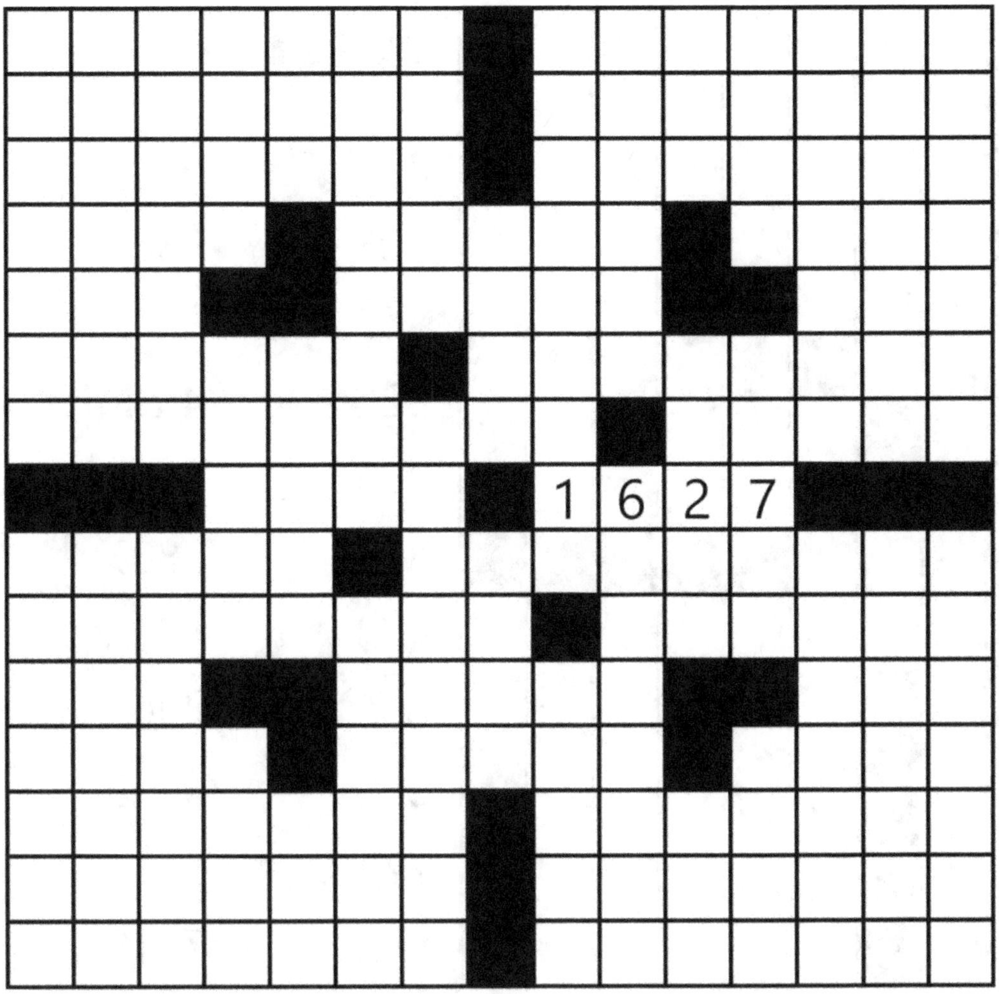

PUZZLE 44

3 digits
220
425
660
741
817
824
861
908

4 digits
1115
~~1627~~
2593
2929
3634
3775
4026
5007
5426
7094
7477
9053

5 digits
14558
14711
15519
17993
27792
33032
47262
49923
52110
65723
91240
96160

6 digits
103637
326008
402942
911715

7 digits
1249868
1619236
1722062
2170209
2260891
2275214
2605564
2814413
3989528
4295477
4369497
4504873
4856779
5585538
7144133
7227158
7327614
7422337
7622539
8164297
9900532
9963479
9973878
9980022

8 digits
15892773
19695759
29932927
60418569

9 digits
139049371
399535659
422615919
641244348

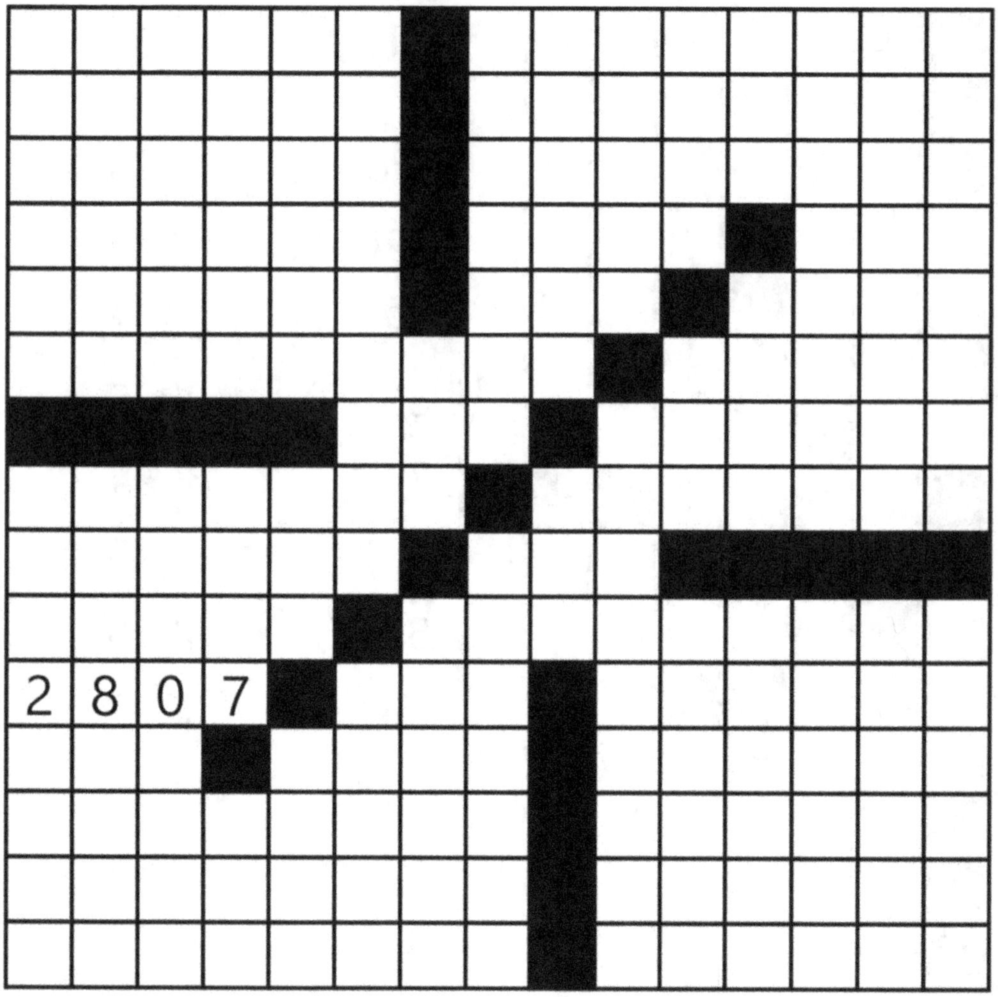

PUZZLE 45

3 digits
105
302
321
409
470
473
608
659
771
892
924
930

4 digits
1008
~~2807~~
4668
4964
5393
5531
7618
8297

5 digits
12893
54711
66479
85041

6 digits
196277
252910
283762
300710
301410
325805
329773
341426
356081
380101
412302
452376
493750
508436
511617
520136
521216
555397
560206
593383
764621
833173
900278
902005

7 digits
2388430
4598285
5987381
6621355

8 digits
19939402
21129155
37293073
39282945
50703105
54406788
55724915
57511375
75539455
84705257
86804947
96400750

9 digits
358034355
366080737
469052234
751630481

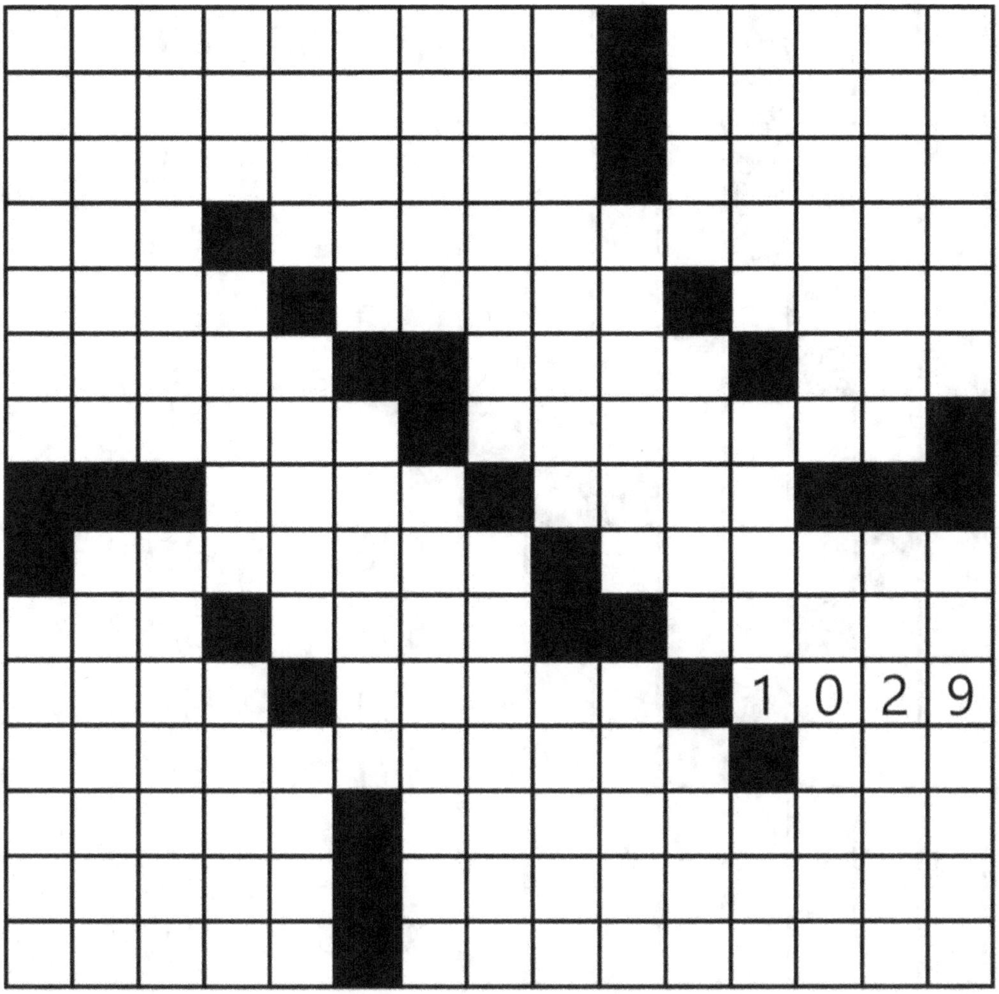

PUZZLE 46

3 digits
100
544
547
574
868
936

4 digits
~~1029~~
1276
2315
2927
3191
5237
6114
6843
7359
7447
7652
8303

5 digits
19402
20910
26149
29489
29582
29771
40660
47524
48693
50067
51935
54633
60096
62136
67824
74197
77817
88012
90658
99001

6 digits
121239
519855
881948
892660
920122
980434

7 digits
1605455
1693856
2094429
2627163
3227968
3409463
3426840
3759296
4153378
4349278
4512448
6287749
7776060
9656181

8 digits
19579624
64980127

9 digits
248940562
316639944
449882236
455807409
492370539
675641414

11 digits
37898179324
96625097987

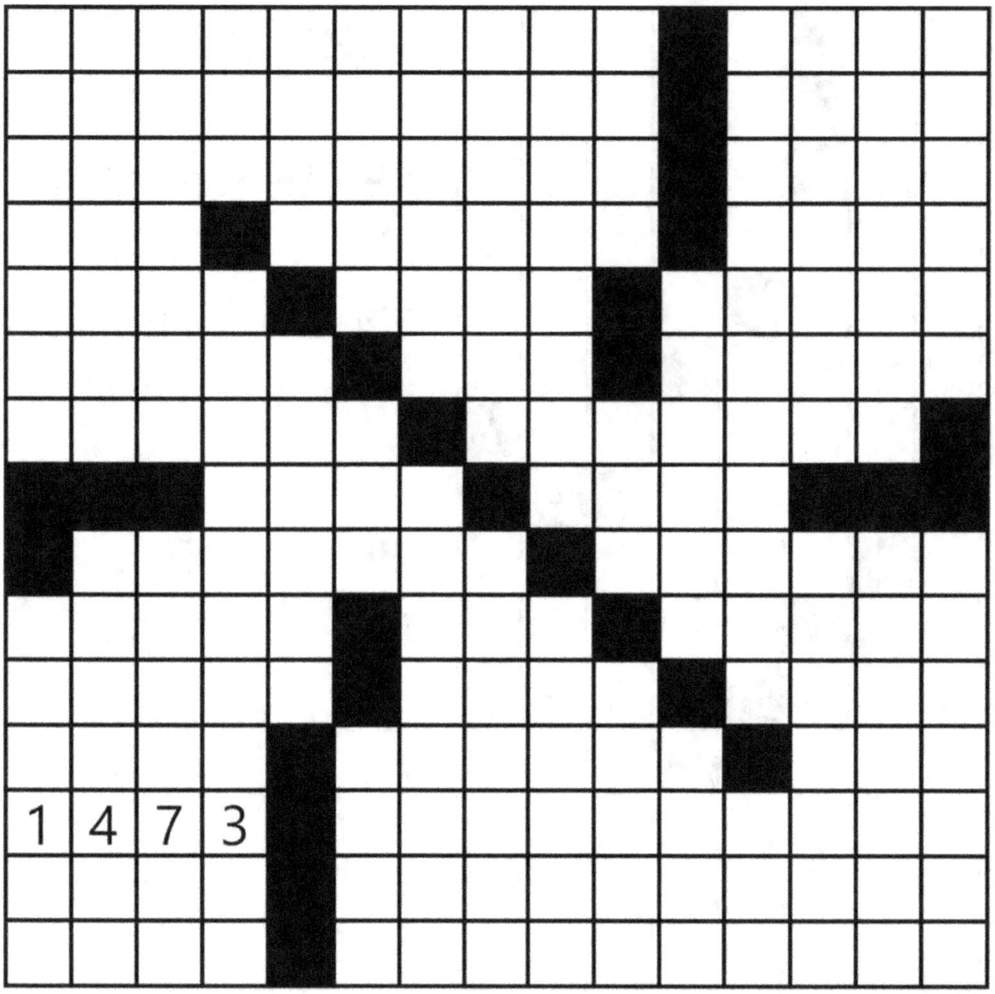

PUZZLE 47

3 digits
101
113
222
495
548
551
834
921

4 digits
~~1473~~
1505
2390
2775
2967
3150
3283
3355
3973
4119
4154
5006
5382
5614
6059
6864
8120
9425

5 digits
10842
24796
28055
31551
34213
63263
70461
71661

6 digits
136317
183962
215192
368837
418788
510824
587948
629585
916018
939013

7 digits
1303749
1600710
1759561
1828532
1903525
2798651
3301702
3601981
3781726
5329137
5406449
7161753
7938371
9421276

8 digits
11220473
53451072

10 digits
1039015977
2002026226
4218508103
4332541818
5774524815
9312139116

11 digits
43621363615
56532944357

PUZZLE 48

3 digits
120
138
283
377
444
448
537
728
813
986

4 digits
1037
~~2038~~
2145
2415
2917
3573
3856
5008
5378
7580
7642
8439
9228
9731

5 digits
27071
50418
67140
77220

6 digits
103724
171452
174910
211777
221058
343933
374757
385474
398400
473260
489510
540516
548811
598054
625221
730242
802143
901633

7 digits
1042023
1112576
1630144
2471515
8880437
9997791

8 digits
11323389
17277089
21779189
22820639
48234620
50844125
61835339
63158300
72111061
74821707

9 digits
385368111
403214524
542459117
718321981

10 digits
2967436103
7238884854

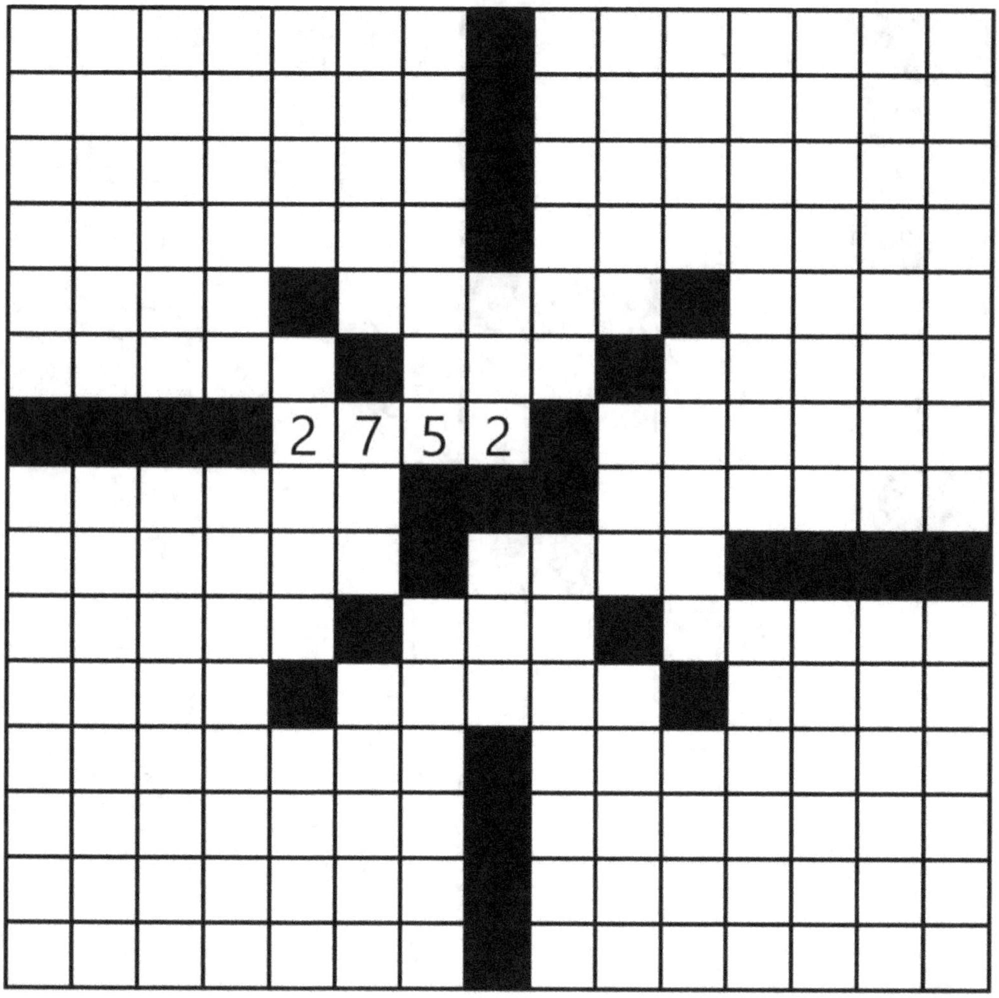

PUZZLE 49

3 digits

122
227
628
721
755
783

4 digits

2211
~~2752~~
5050
5461
5872
7439
8783
9073
9402
9802

5 digits

14493
32600
34124
38313
39984
53497
58945
60141
68705
75343
75452
93890

6 digits

202583
215020
296788
299665
324521
385828
417805
447880
551460
569375
581593
715303
736982
843365

7 digits

1654734
3393998
4745649
4956872
5273579
5451795
5735241
5902246
6364982
6402353
6404830
7491075
8820701
8912859
8945432
9300050
9627708
9941465

8 digits

24986796
35202863
68934172
82611525
91373464
93401486
94272993
97886920

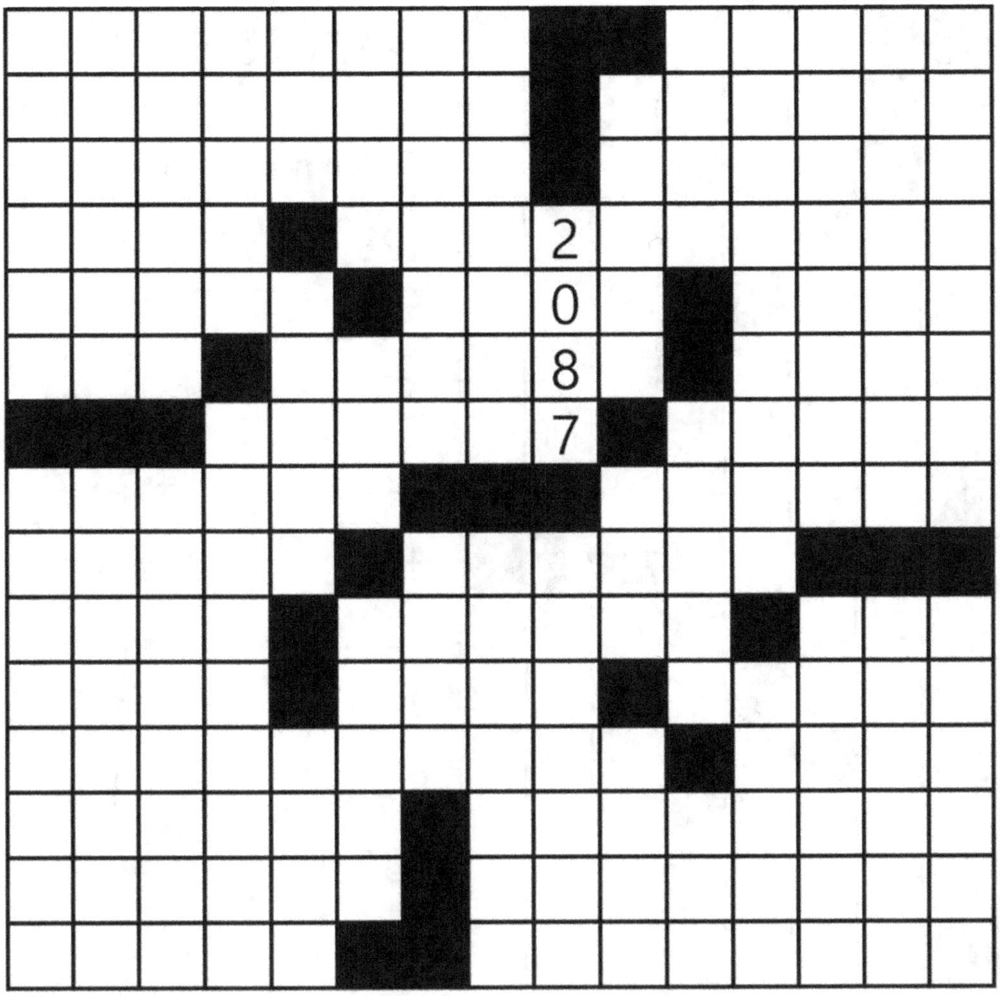

PUZZLE 50

3 digits
214
245
379
645
852
962

4 digits
1157
~~2087~~
3307
3740
4155
4463
4530
4683
4871
5405
6961
8897
9317
9730

5 digits
20816
21242
21932
27117
27937
38873
43599
54207
74254
77364
88622
88785

6 digits
128485
234951
275458
359016
428662
438552
467780
541940
638734
693814
775488
791783
834072
883032
911415
996687

7 digits
1458956
1971705
2035316
8145378

8 digits
32362387
50047484
50915384
58899834
65744400
71423428
72217601
84794938
85968648
91754015
96200568
97822779

9 digits
394635055
900010858

10 digits
3552806450
8420427818

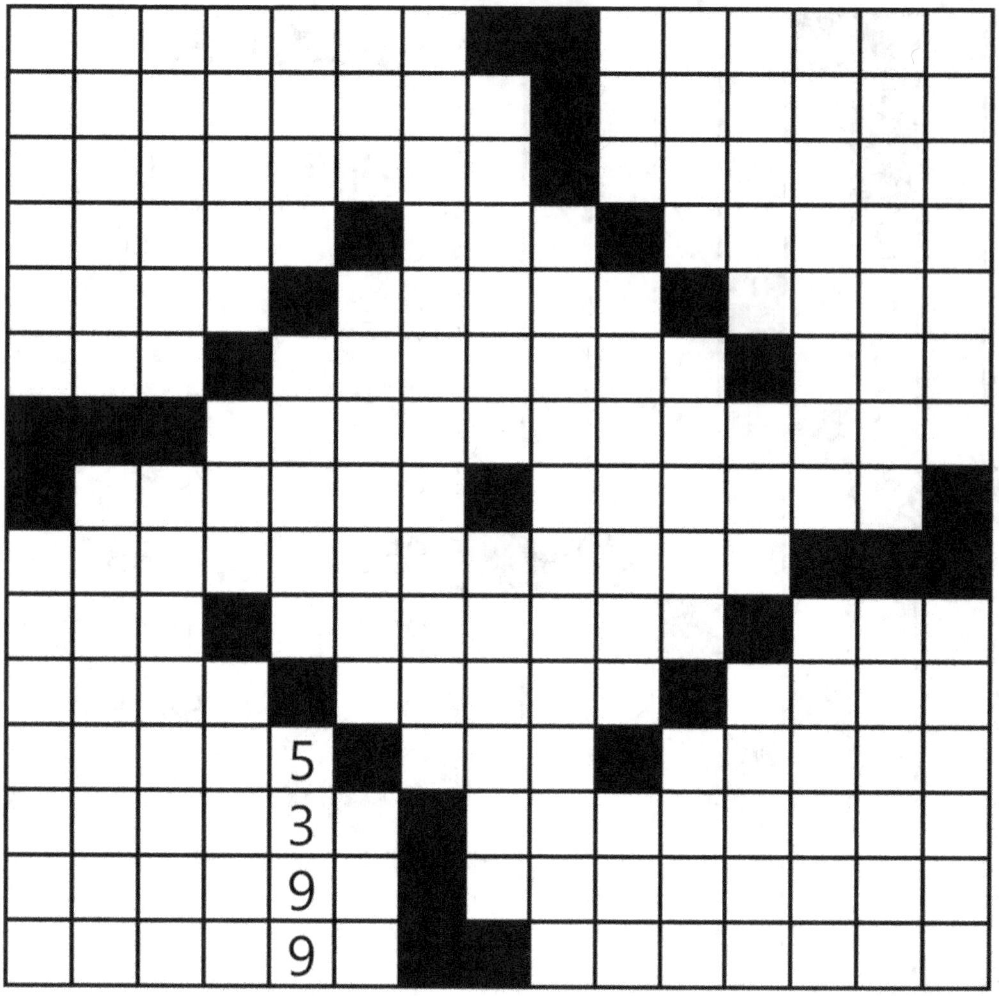

PUZZLE 51

3 digits
223
224
226
328
488
526
727
814
830
899
911
953

4 digits
1448
~~5399~~
6162
6336
8231
8678
8838
9206

5 digits
19209
20010
28328
42925
60129
62506
72474
74593
80478
80620
81328
91264

6 digits
165379
221702
232246
301532
342513
352420
370869
419159
549002
631219
638693
699092
850855
869288
911112
925394

7 digits
2120269
2238675
4125143
4222740
5564366
7571527
8318831
9542512

8 digits
10170284
10542739
30232093
53162045
56639198
57916721
67618206
90533893

12 digits
109817207204
224293248385
465391118732
506675781790

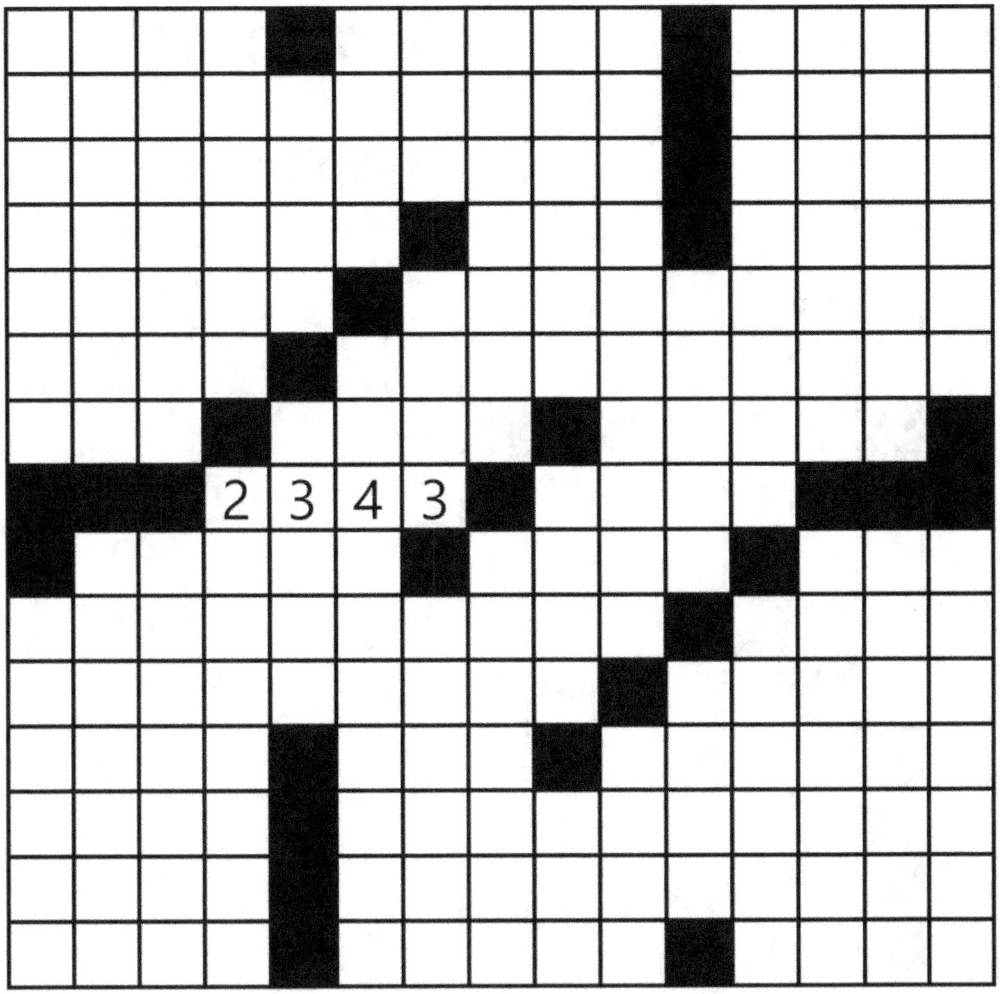

PUZZLE 52

3 digits
123
367
486
648
699
955

4 digits
1542
1870
2132
2261
~~2343~~
3100
3127
3699
4193
4779
5703
5752
7044
7123
7405
7433
7626
7806
8952
9197
9701
9761

5 digits
14510
16286
19400
33905
68298
70293
89335
90832

6 digits
219936
251457
287054
408430
639900
848692
907658
991390

7 digits
2133237
3316388
5059329
5134312
5366876
5695785
6375170
7624411
7843969
7963870
8934904
9720119

8 digits
22232334
43271151

9 digits
573352017
729111489

10 digits
1382365181
2392034398
2431106173
3801784145
6459478385
6557161708
9132691170
9148324219

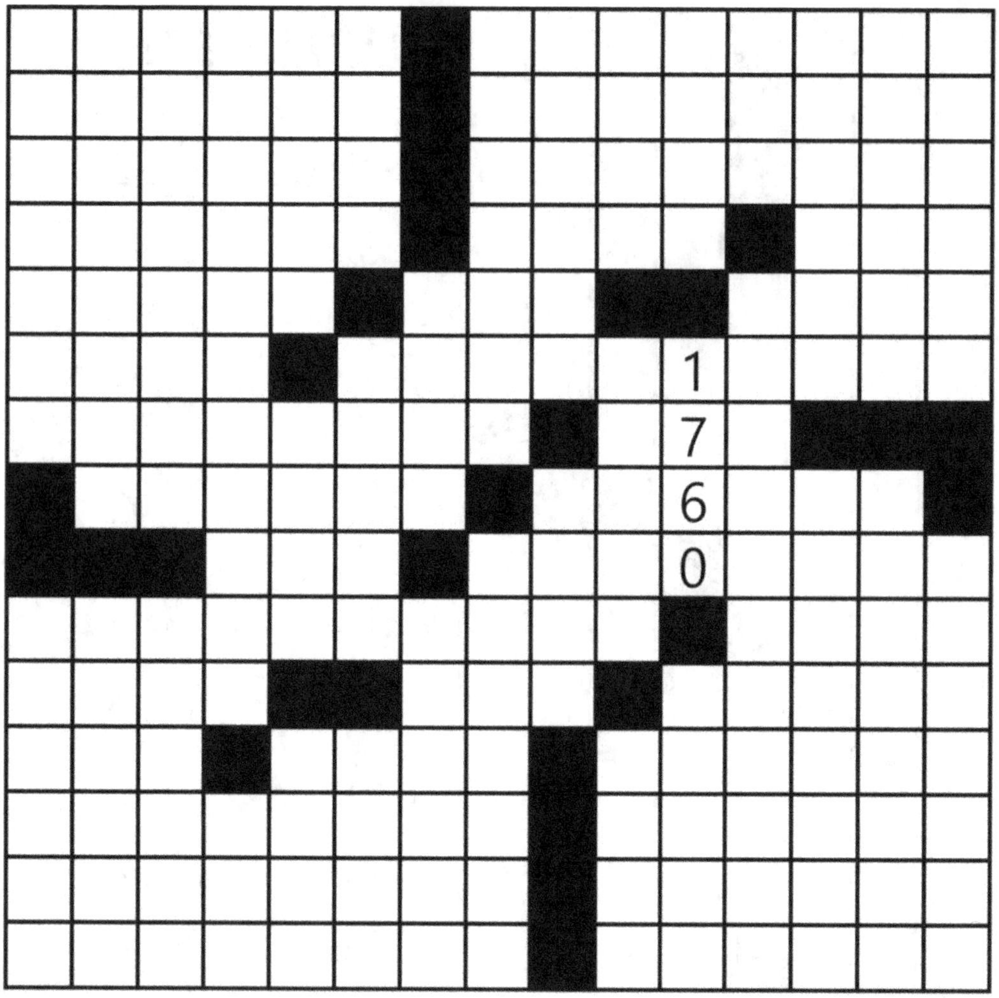

PUZZLE 53

3 digits
173
341
371
474
543
799
866
969

4 digits
1220
1529
~~1760~~
1768
2640
2897
2993
3498
3893
4151
5843
7208
7611
7624
8140
8306

5 digits
25731
33012
33701
33805
35096
90571

6 digits
165338
229457
328286
350479
376029
410042
495111
534324
539601
544198
554194
567821
592930
596962
808036
817479
839876
915908

7 digits
2378413
5281916
7054626
8348617

8 digits
14116846
21283002
24728555
39666939
60002593
62360509
75246296
79955201
88003157
89431797
95202348
97971971

10 digits
3411316012
5854363391

11 digits
84837905741
86103134808

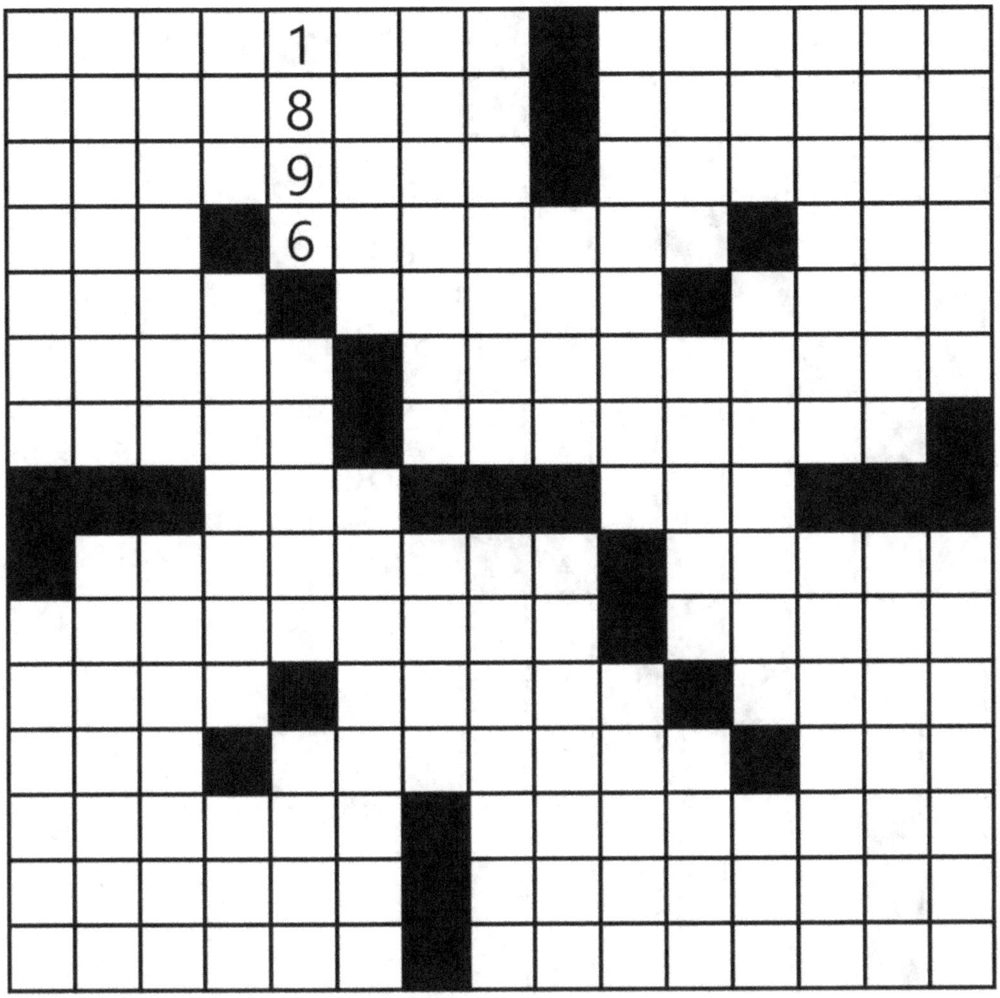

PUZZLE 54

3 digits

255
284
303
581
678
807
812
858
943
947

4 digits

1667
~~1896~~
3018
3401
3722
4202
6845
7181
7589
7952

5 digits

16409
20877
25656
33073
36312
52096
62584
78093
81101
97159

6 digits

107929
129407
185998
283324
372837
515816
768417
933112

7 digits

1232616
1374893
1585704
3013793
3198073
3647726
4728182
4890537
5295571
5362018
5848236
6124381
6431615
7059858
8892444
9100315
9400028
9451316

8 digits

17757031
23389367
35096723
35187078
46181351
51328466
74258633
77278974
83272443
93807795

9 digits

192056477
940592512

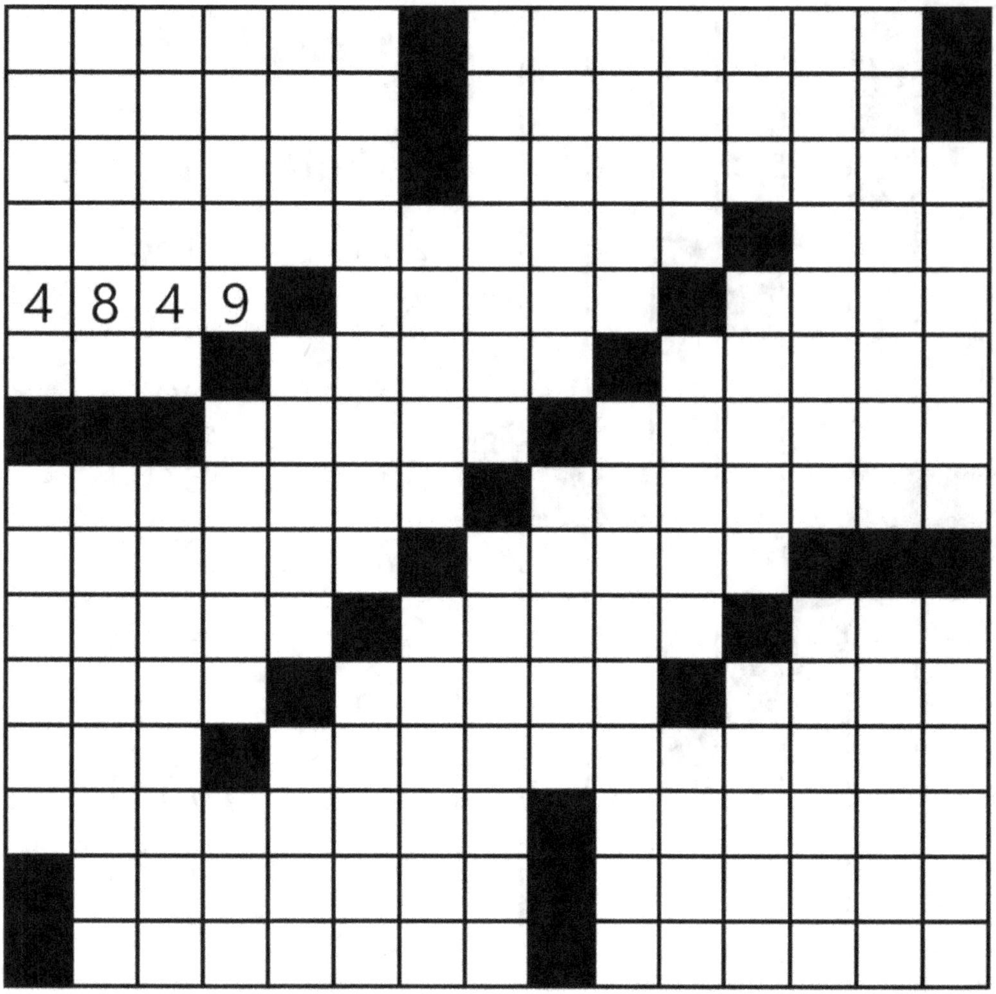

PUZZLE 55

3 digits
400
513
518
778
849
912

4 digits
3358
4523
4526
4594
~~4849~~
6839
8507
9223

5 digits
22304
23379
25369
26132
31014
31696
33344
33559
33713
36842
38402
38618
48107
49709
52141
73879
87347
91834

6 digits
151338
158243
229648
265685
299383
532663
533462
598479
688696
795084
821648
836336
879267
884686
947303
956626
966079
991149

7 digits
2334808
2684621
2924989
3655158
5753123
5900582
5943152
8907951

8 digits
36322505
57398299
74757758
85552061
97245566
98012195

9 digits
693324928
738779623

11 digits
60179734066
83541441284

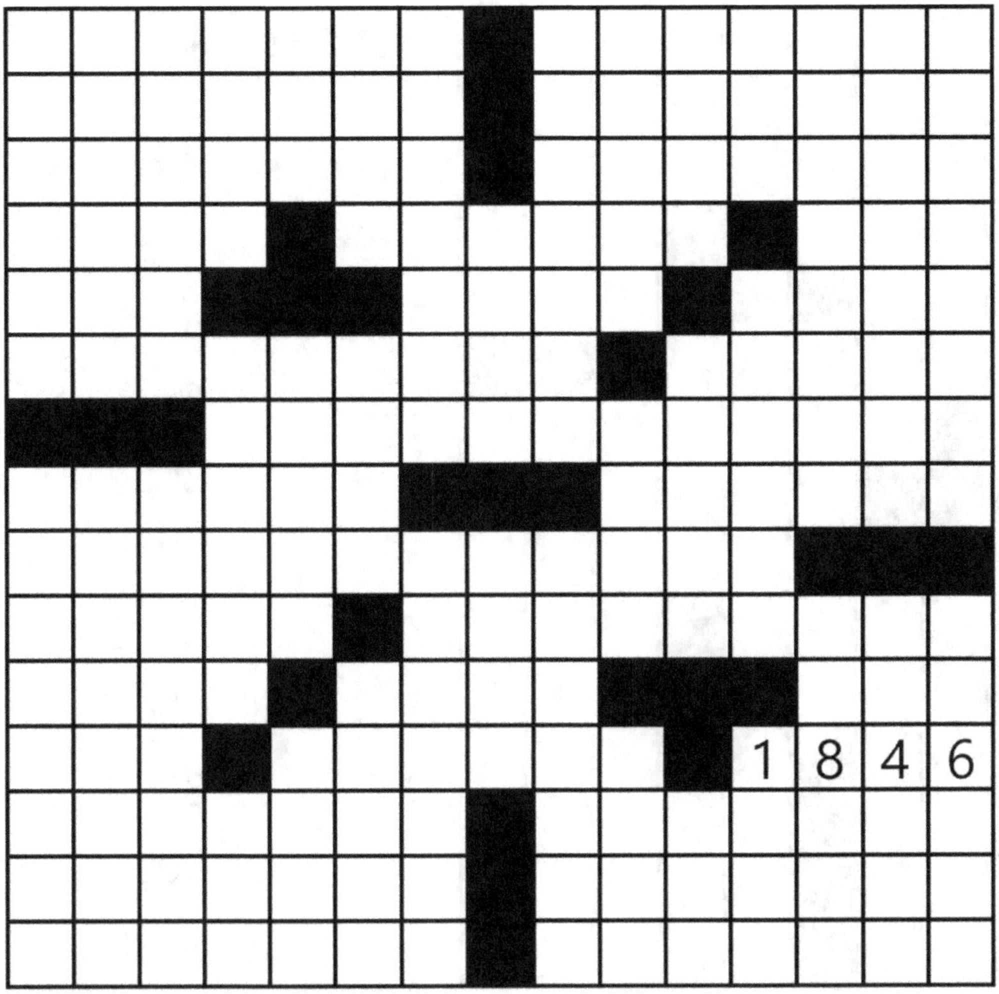

PUZZLE 56

3 digits

136
182
292
587
711
913
918
938

4 digits

1007
1678
~~1846~~
2097
2718
4098
4434
4458
5015
5410
5467
6923
7035
7887
9000
9595

5 digits

20824
46210
47534
48293
48385
73777

6 digits

179089
180060
226017
234033
359186
430266
438596
636409
718323
720538
864417
866350

7 digits

1027330
2550991
3255106
3288359
4177370
4239947
5406780
7318278
7646521
7735977
8699394
9010303
9080235
9479847
9683284
9934198

8 digits

15422774
48517906
74779731
74918356
82376222
92512317

9 digits

445750728
676722259

12 digits

200188580205
542527542686

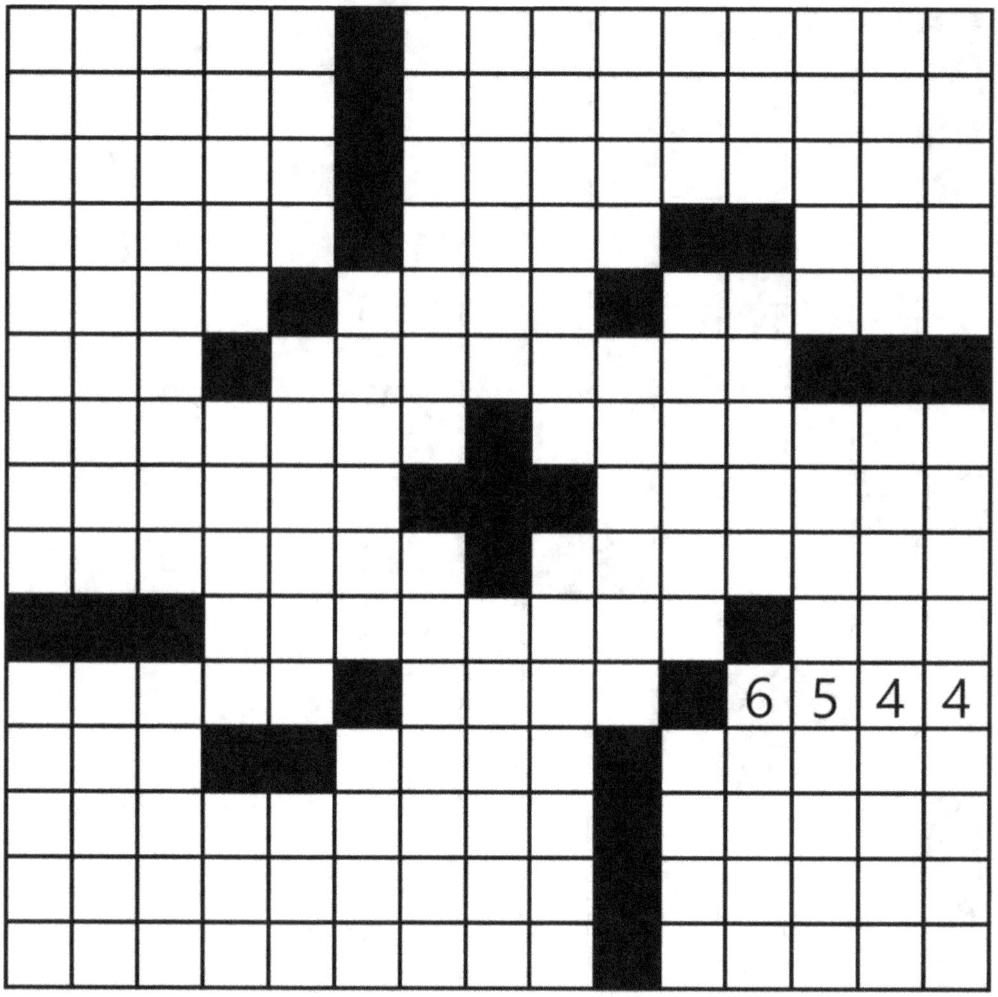

PUZZLE 57

3 digits
329
331
523
669
681
753
915
939

4 digits
1691
6070
~~6544~~
8022
8296
8472
8506
8641
9007
9100

5 digits
11824
13861
16060
17249
18209
19066
43086
46554
47538
48413
55470
65243
66767
66933
67410
85800
86247
89452
91511
94411

6 digits
125467
130063
200900
537612
653339
868102
911005
950216

7 digits
4234864
4406502
4430856
5649308
7588118
8615018
8795863
9322034

8 digits
15153155
16672469

9 digits
308369600
402871481
426947049
498308666
513413916
580362895
615244154
799899816
806196302
812759489
868352452
911166588

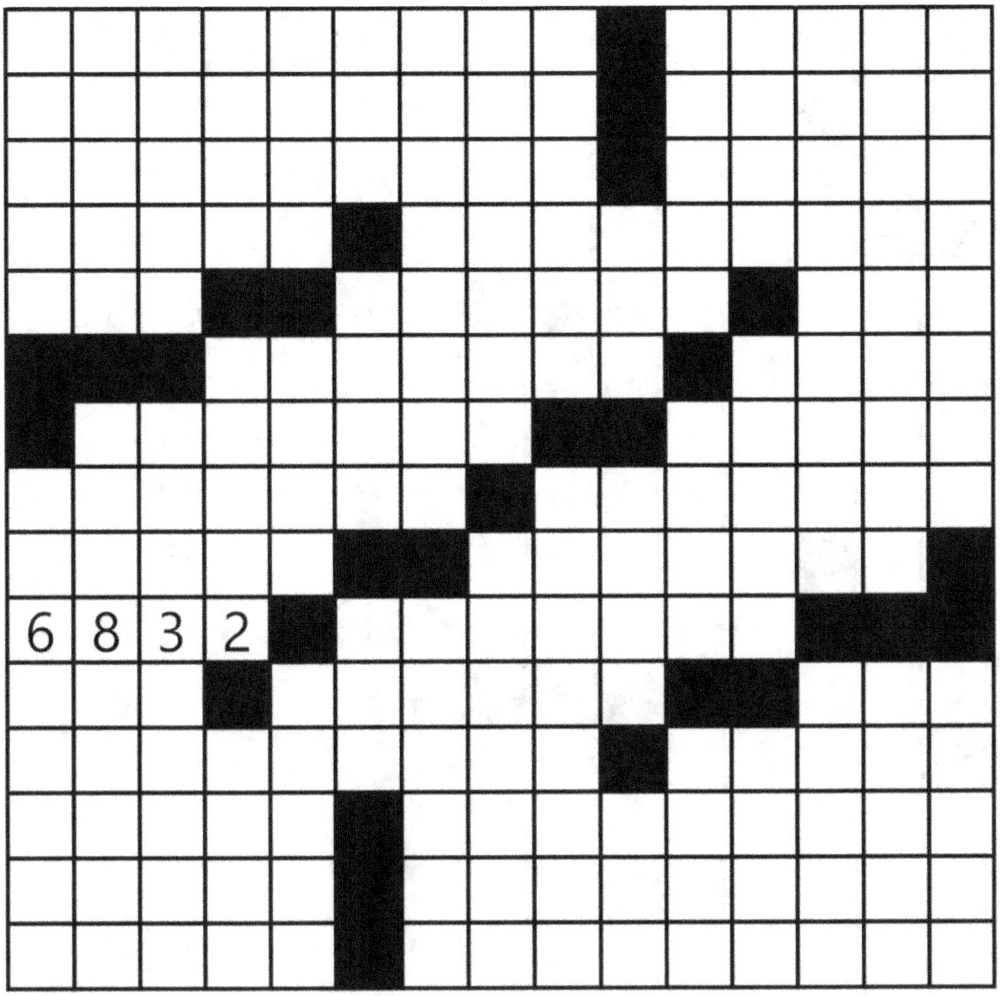

PUZZLE 58

3 digits
204
314
414
416
549
559
665
784

4 digits
1730
3069
3583
3670
4418
5377
~~6832~~
7108
7691
8567
9002
9745

5 digits
13659
13999
14454
24370
28760
35111
35505
45026
54217
55423
56664
61689
63981
68816
85282
85575
86066
93305
94401
95005

6 digits
451235
489255
906359
968145

7 digits
1935604
2177755
2418175
3952920
5983685
6440475
6856085
8703859

8 digits
11044665
36643229
51030380
95694734

9 digits
216274204
322355984
332553619
538733554
555408761
576031120
610064081
656101195
693812843
859342733
901186205
958675465

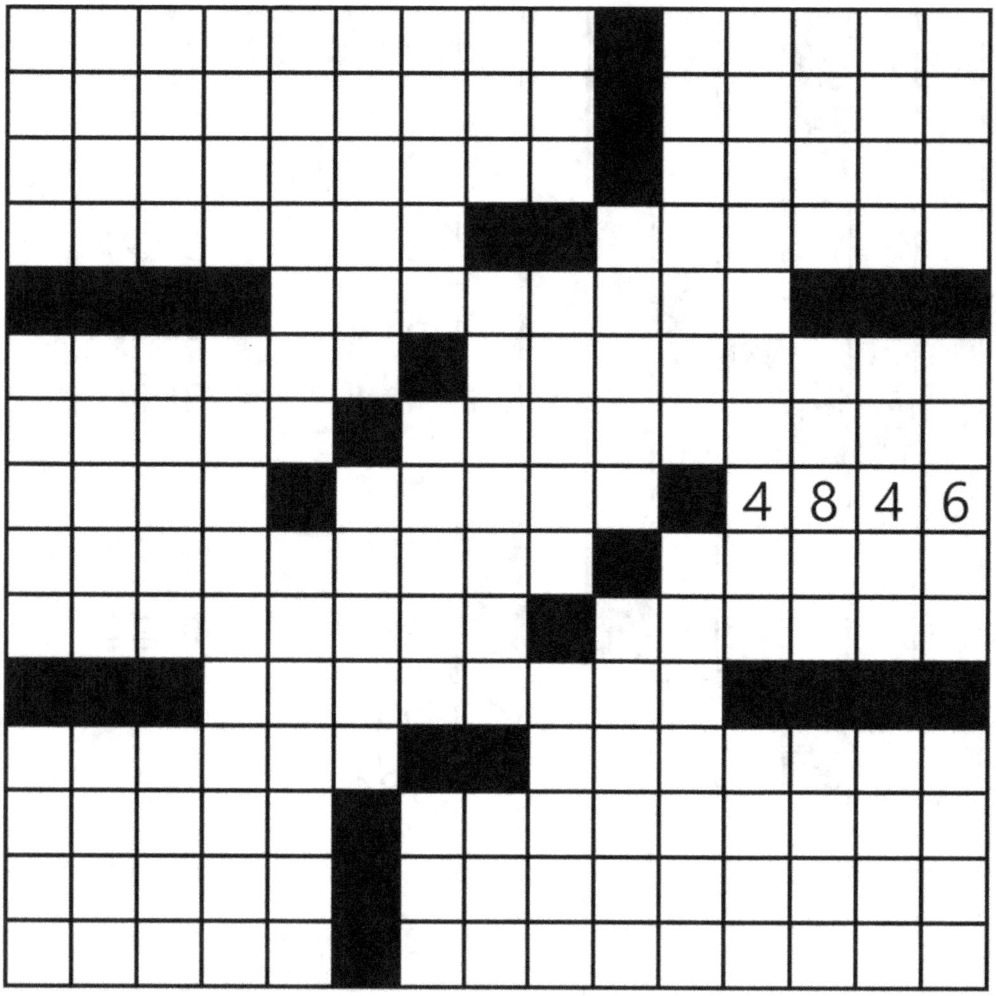

PUZZLE 59

3 digits
358
458
917
949

4 digits
1402
3197
3500
3789
4630
~~4846~~
5279
5551
5695
6642
7126
7199
7591
7937
8370
9491

5 digits
11355
13057
14795
21636
21770
24800
28059
33556
35977
41660
48567
49750
51671
57262
70230
76022
79883
88547
98450
99750
99946

6 digits
110309
117001
183145
441365
573400
924015

7 digits
1155422
1322376
1506958
2772947
6057467
7210233
9580036

8 digits
57705735
57773295
58568715
96015931

9 digits
144374014
202567481
319824799
340349661
552023342
882927026
909771279
947599692

10 digits
1384137437
1615054784

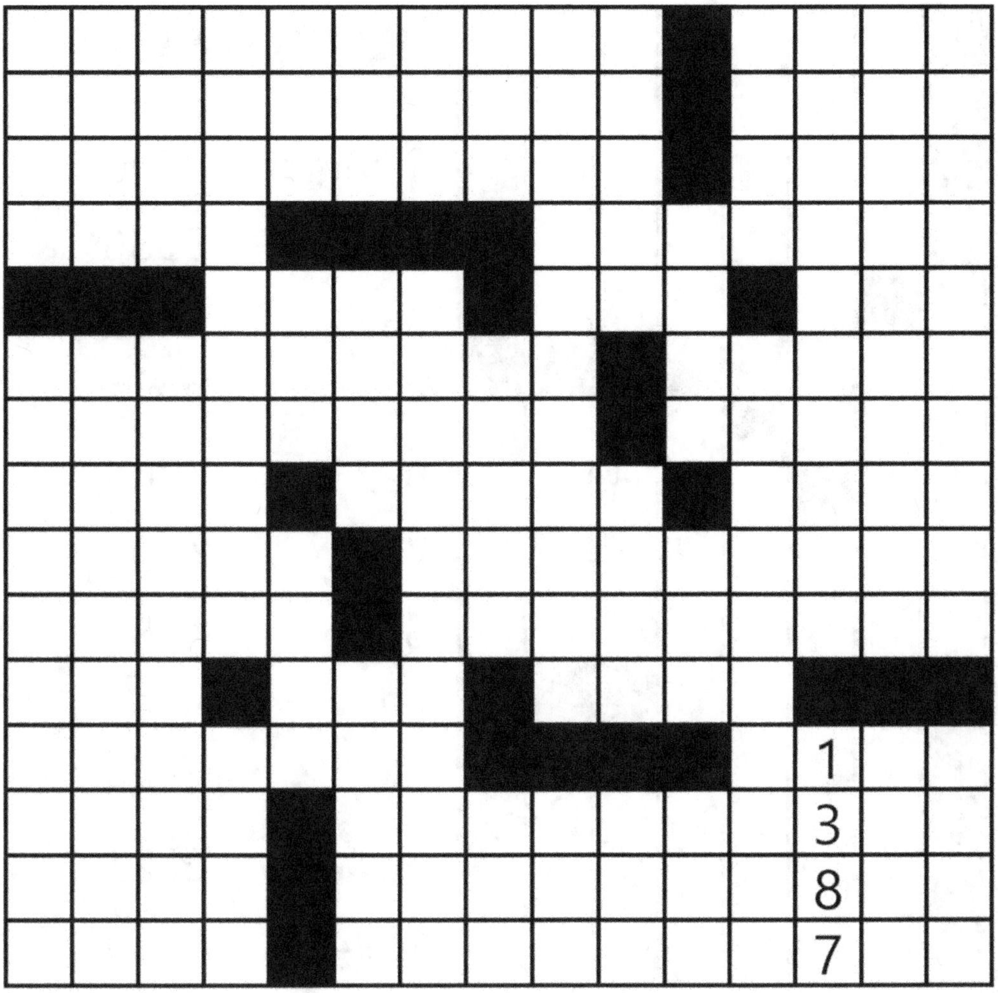

PUZZLE 60

3 digits

234
360
426
485
538
585
635
698
766
821
857
920
974
982

4 digits

~~1387~~
1851
1876
2144
2424
2655
3606
3663
3718
3833
4141
4160
4380
4678
4790
4916
5896
7248
7824
7999
8103
8529
8991
9403

5 digits

23359
25552
35584
38359
41028
50703
82372
97479

7 digits

1088823
8273122

9 digits

493124123
520756573
595100550
858681488

10 digits

1561846137
2292857587
2550844701
3113711625
3143597885
3590367013
3653625331
3721662534
4403599583
4554348343
7586933884
7811376210
8478434645
9981822698

11 digits

81316308801
91558522655

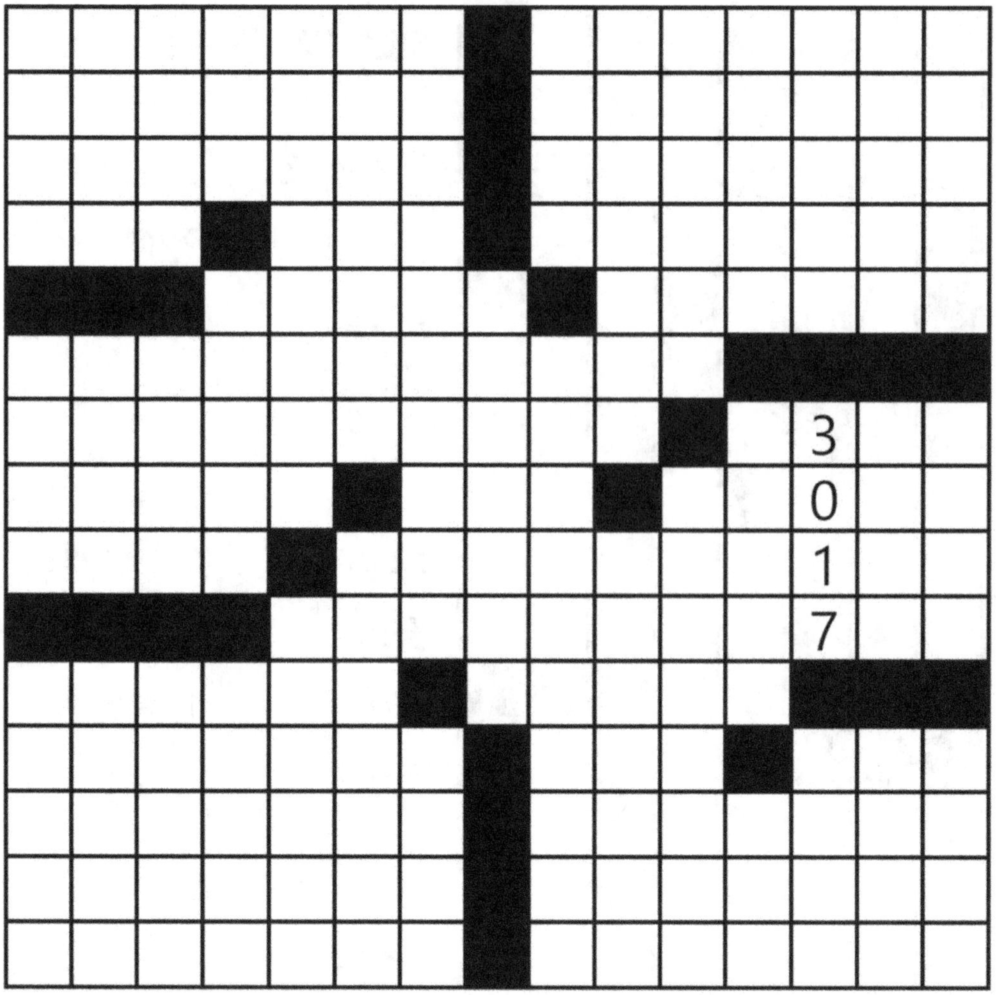

PUZZLE 61

3 digits

274
451
524
623
729
888
923

4 digits

1524
2106
2386
2453
~~3017~~
4706
4797
4853
5261
5468
6823
7669
7998
8035
8775
9608

5 digits

22008
22953
31409
35061
42878
45658
51700
66013
66443
66502
69237
73760
90002
96415

6 digits

502176
665996
695807
972088

7 digits

1356744
1977506
2474837
2525768
2819248
3401057
3742655
3757946
4364359
4710657
5593133
5706352
7305795
7612029
7956971
9063217
9505875
9616548
9642167

8 digits

20811149
91275712

10 digits

1779695257
4557909132
7174195706
9047864235

11 digits

42417299946
63708585753

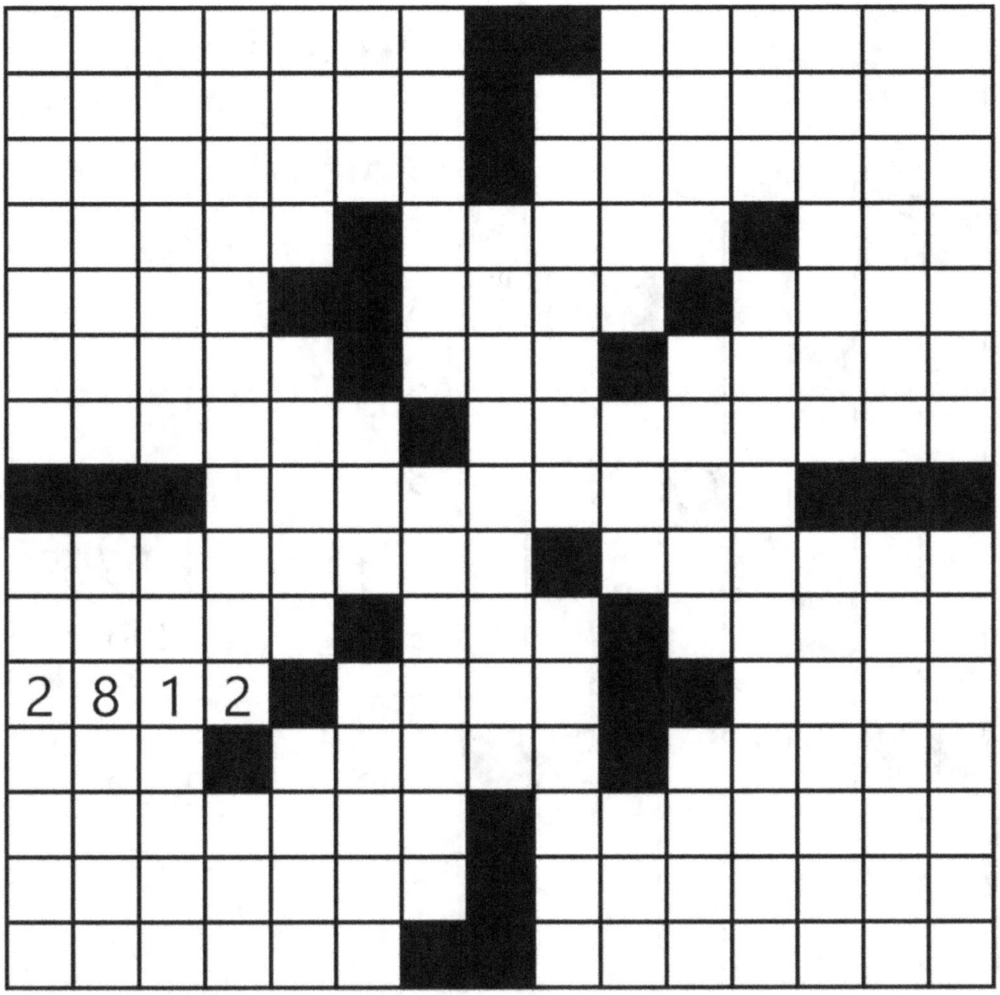

PUZZLE 62

3 digits
116
121
257
325
327
616
770
816
819
855

4 digits
1060
~~2812~~
3010
3056
3334
3493
4729
5022
6790
8175

5 digits
14958
15690
31482
32346
34302
45790
46107
51366
55452
56725
66776
73836

6 digits
199767
461815
523547
531602
789132
938111

7 digits
1122040
1272366
1384977
1571224
1661760
1696483
1873267
3006037
4351139
4544259
4550648
5321395
5401204
5457461
6330058
6796675
7267703
7282063
8263338
8344789
8487587
8643871
9311091
9691607

8 digits
46366861
57957038

9 digits
177110271
505418195

11 digits
31613536326
70485371542

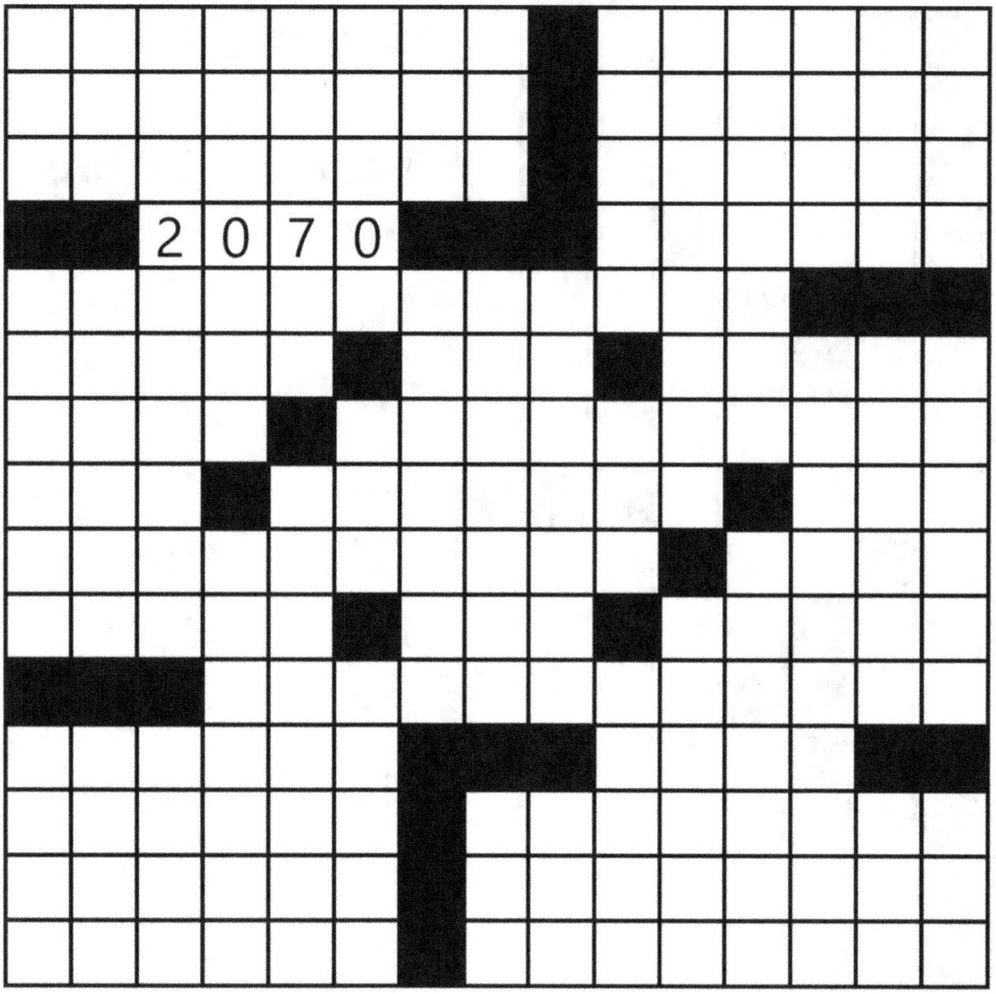

PUZZLE 63

3 digits
171
277
289
346
374
383
395
500
646
702
791
842
927
995

4 digits
1258
1612
~~2070~~
4605
5572
6946
7206
7310
7492
9725

5 digits
18577
29444
62800
68495
80966
83427
86727
96738

6 digits
171068
226045
281206
335240
485978
501047
581581
683439
756914
854737
855776
862327
937001
997039

7 digits
1150822
2600920
2639776
4612103
5361589
8409905
9429579
9690003

8 digits
10413755
33518623
47615288
58582605
64354893
75401239
87696442
90400599

10 digits
4516785257
5632647759
7459729572
8023709598

12 digits
436830292725
991096231891

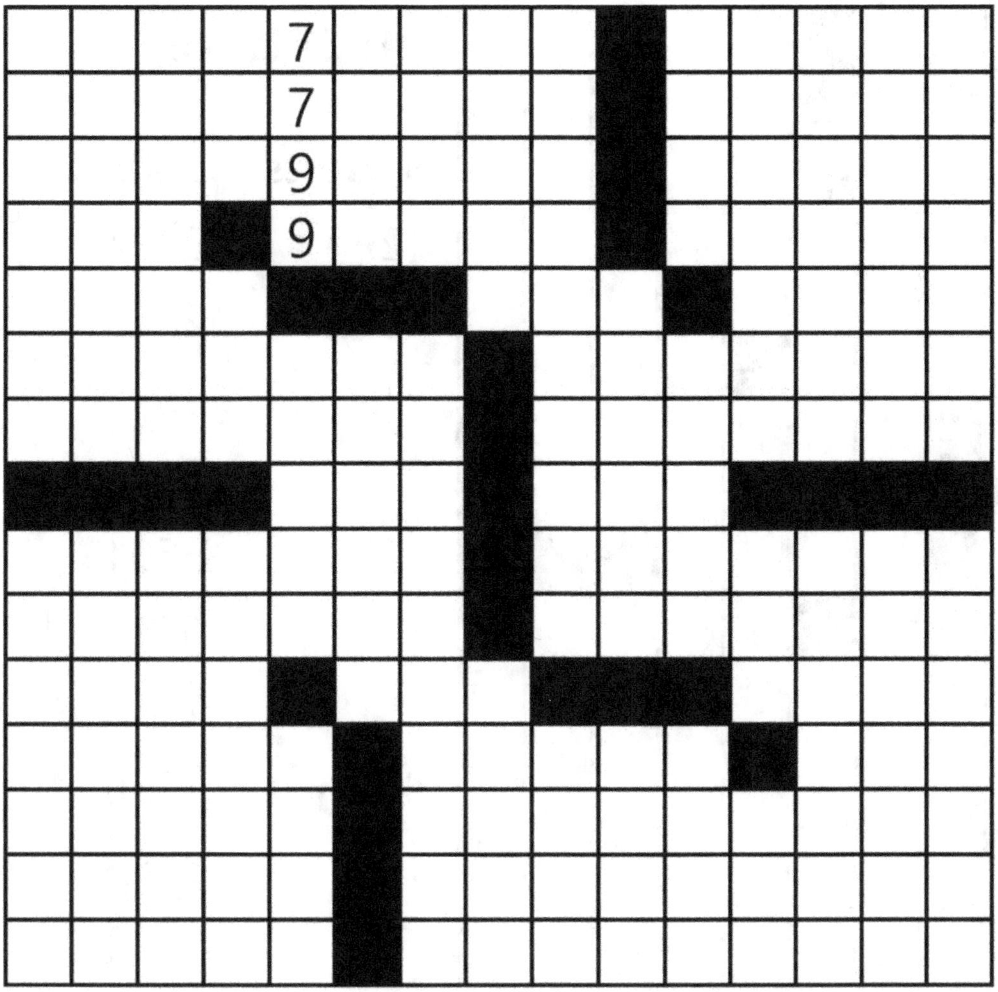

PUZZLE 64

3 digits

131
353
428
449
452
460
550
692
794
818

4 digits

1693
2570
2702
4277
6024
6439
7645
7790
~~7799~~
9012
9224
9796

5 digits

21096
26804
27957
44787
45475
51530
51976
52315
54992
65039
67222
74649
79537
93000

6 digits

725874
821596

7 digits

1267745
1312759
1694811
2076574
2222839
3164999
4152596
4407414
4877605
4934463
4956775
5756627
5779056
5794772
6199451
6412189
6796455
7432573
7534949
7770227
9289007
9782277

9 digits

102648649
364598519
588199787
592431059
599171222
727376560

10 digits

2070214541
4739355153

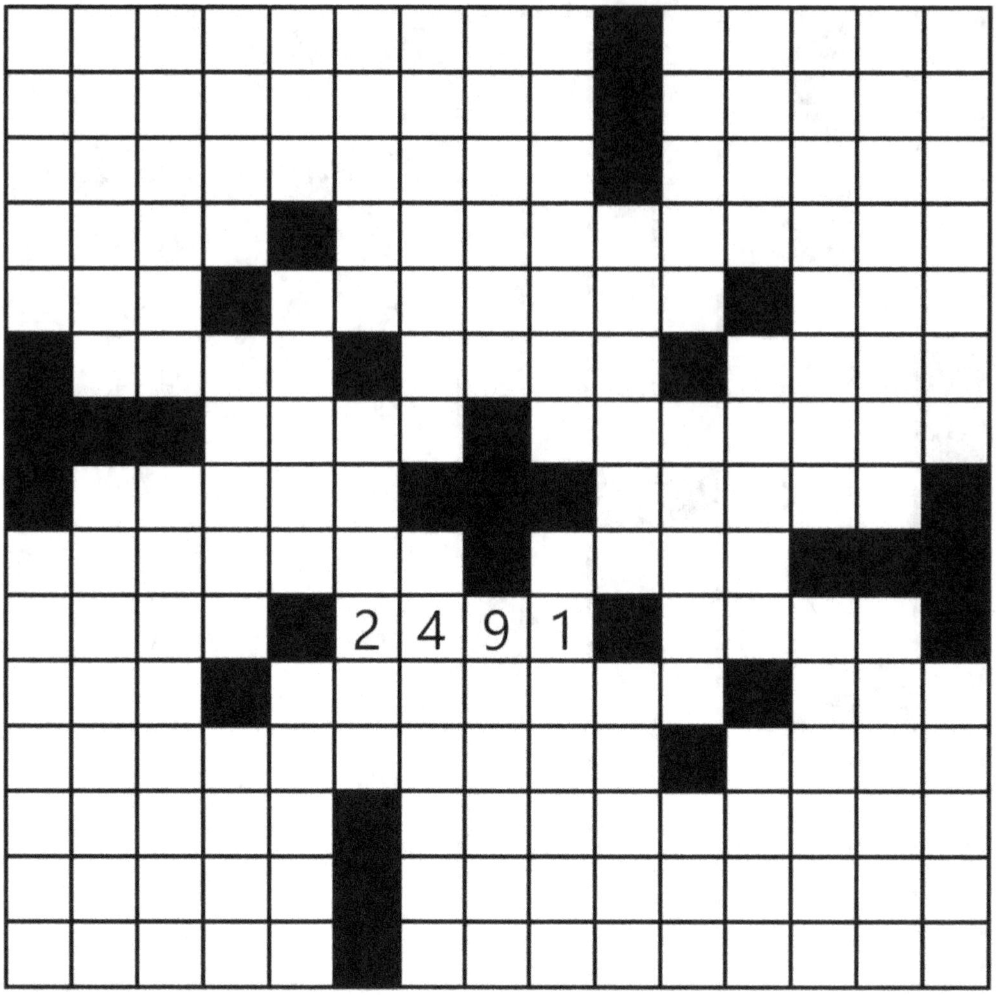

PUZZLE 65

3 digits
129
181
219
253
312
675

4 digits
1741
1898
2403
~~2491~~
2850
3073
5021
5601
6358
7130
7956
8759
8998
9821

5 digits
19969
21664
22246
27475
40448
49283
55351
55590
57189
57600
61552
74069
76125
80386
87103
87362
93211
98769

6 digits
121037
171060
195658
518086
548250
713751
829642
921078

7 digits
1676415
2787932
3261479
3940985
5469475
5562252
6977472
6985982
7125137
9907736

8 digits
14556212
20462998
29873963
46481939

9 digits
192080979
401537067
551213017
587021629
611518916
773914846

10 digits
1369509155
8707773685

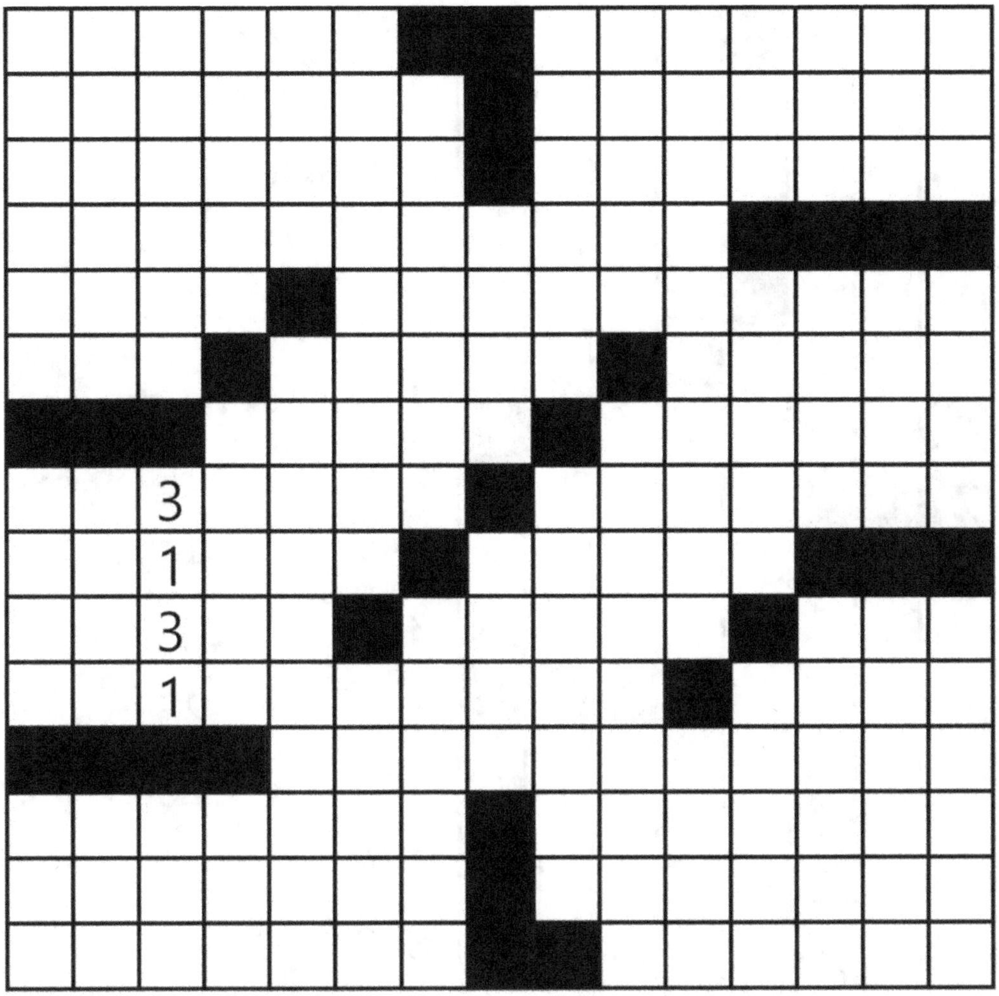

PUZZLE 66

3 digits
175
187
293
356
378
620
630
673
826
925

4 digits
1807
2758
~~3131~~
3993
5025
5108
5307
5769
7331
7592
8420
9371

5 digits
14544
25193
29974
43884
55004
63344
74153
78346
79023
86867
94124
96788

6 digits
118082
184733
274986
387163
404683
455097
474308
731385
919857
933800
952588
977916

7 digits
1931316
2752880
4115870
5366188
5738784
6449951
6582767
6944821
7136048
7827886
7838214
8467124
8477783
9638673

9 digits
490868484
741165085

10 digits
2978423681
3714875404
6793481579
9116297026

11 digits
36477889427
90865163724

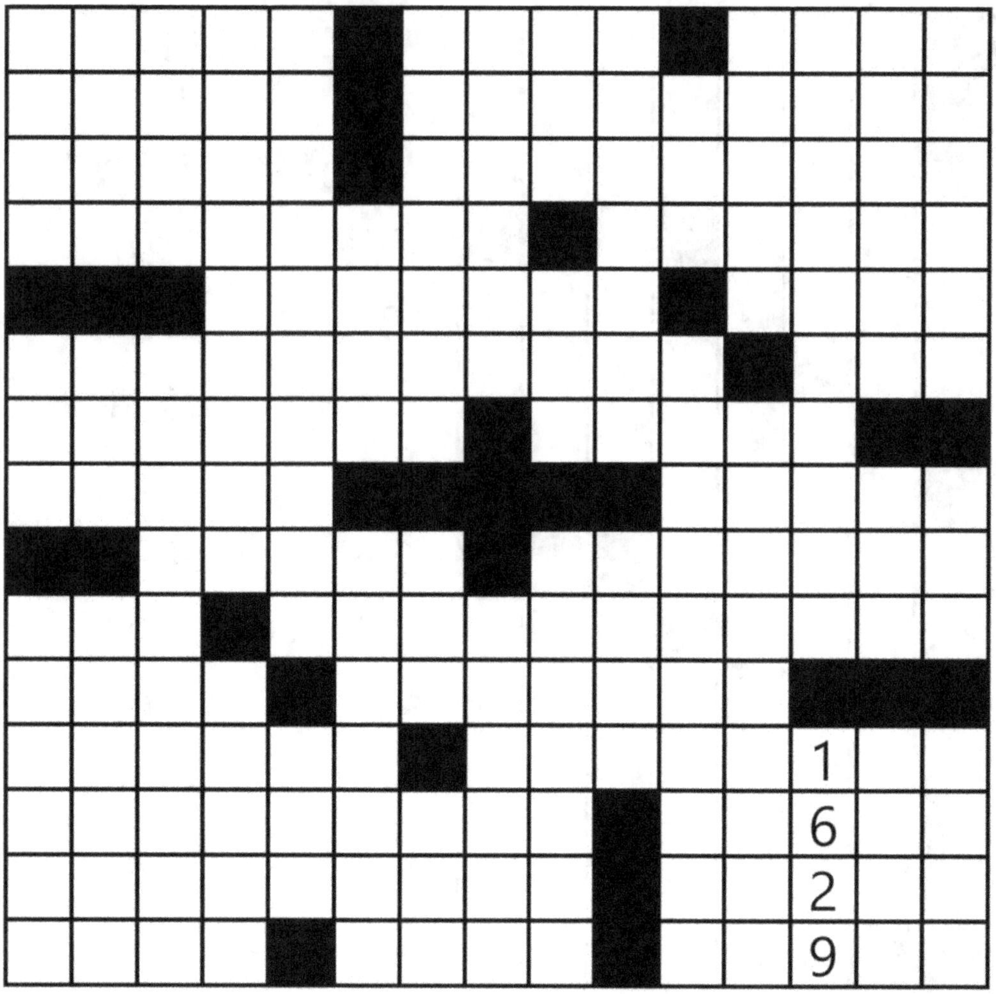

PUZZLE 67

3 digits
108
151
166
228
282
432
603
715
718
828
877
972

4 digits
1578
~~1629~~
2265
2635
2663
2824
4361
5037
5639
7734
7830
8059
9290
9454

5 digits
10233
25999
28627
31235
33949
39940
57894
59499
60211
60328
80327
89678

6 digits
124392
329504
386757
449170
564202
889272
963247
969782

7 digits
1778440
4143136
4263782
4601014
7052296
8115981
8236984
9940052

8 digits
57055835
96835177

9 digits
120729786
205225909
327210879
493724363
901355288
914540227

10 digits
1565169716
6732488390
8381983813
9195602785

11 digits
59392592028
91100534648

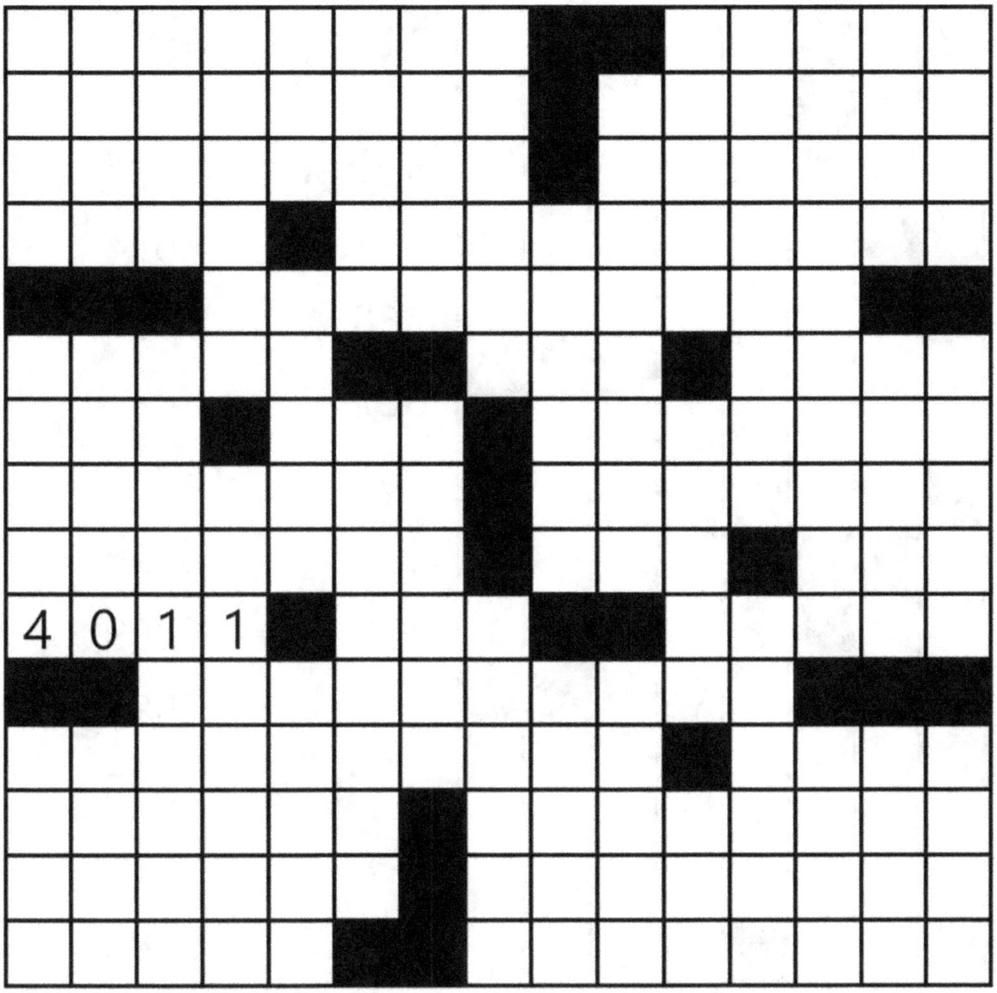

PUZZLE 68

3 digits
355
437
506
567
668
726
748
803

4 digits
1464
2742
2764
3164
3446
3585
~~4011~~
4063
4788
5342
6087
6546
8200
8600

5 digits
10280
11361
16545
17124
27201
37990
55234
55547
55586
64000
64840
69950
70391
80883
87908
89684

6 digits
172514
213633
320486
463594
536054
579591
699487
701043
903604
965681

7 digits
1869450
2466781
3150492
6852375

8 digits
13057320
43266107
43857861
65859114
71181432
74232097
84066892
89068664
93147815
96151550

10 digits
3539497266
3643653486
5530114076
5866133930
6231713907
8552185374

PUZZLE 69

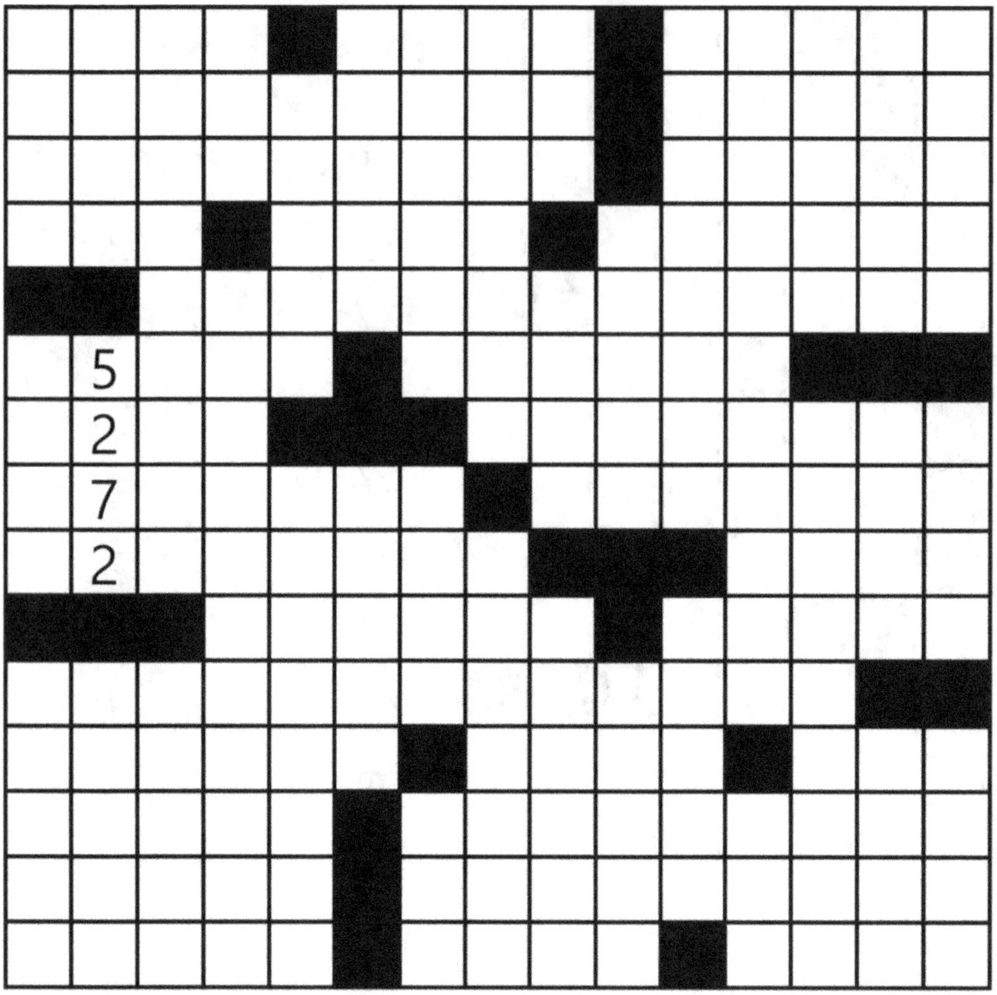

3 digits
287
366
527
566
647
739

4 digits
1989
2158
2515
2694
5087
~~5272~~
6200
6256
6369
6581
6645
6797
6883
7106
7470
7656
7664
7884

5 digits
12856
12862
21602
25834
26443
30030
47650
57434
61316
65250
66135
66516
74625
75200
79514
81831
83104
85416
90302
93108

6 digits
204035
267785
286577
421802
563608
802642

7 digits
1079403
4708465
6017434
6242256

8 digits
35043762
40258663
52840606
89900444

9 digits
245226316
729575398
800978376
818345606
837054956
980652008

11 digits
10349232191
95084497114

13 digits
1659537187417
5954046109406

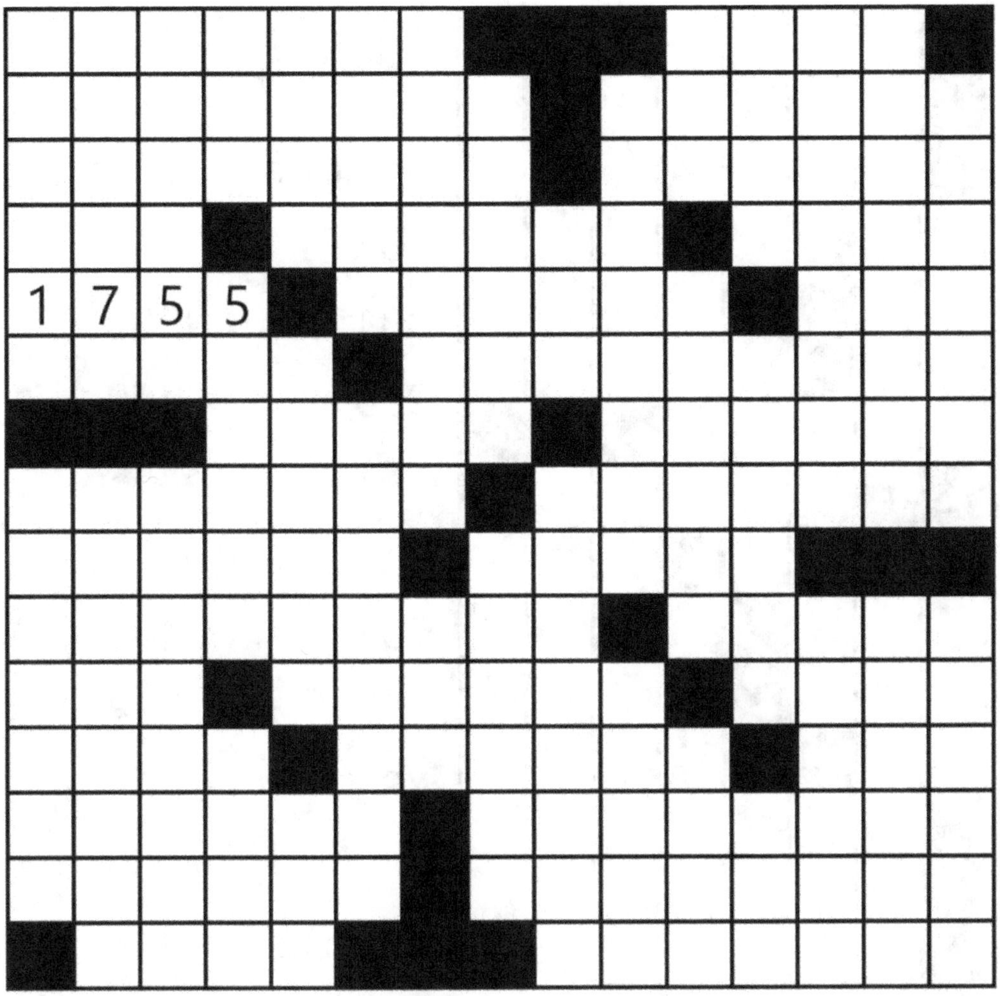

PUZZLE 70

3 digits

114
259
285
364
373
540
697
700
832
926

4 digits

1002
1269
~~1755~~
2156
2430
3021
3741
7993
9330
9822

5 digits

21481
21487
36089
47622
53482
56790

6 digits

133068
138054
168369
200229
228426
257859
338855
396557
445731
479604
585318
669101
700674
828127
834755
844071
862885
884792
909912
939091
962712
970082

7 digits

2493364
2636983
4114493
6002154
8609433
9811148

8 digits

10926623
24840698
46003324
46136177
46598291
49657260
51933357
59738776
64310718
81985184
86083916
99872862

9 digits

195779364
358863930

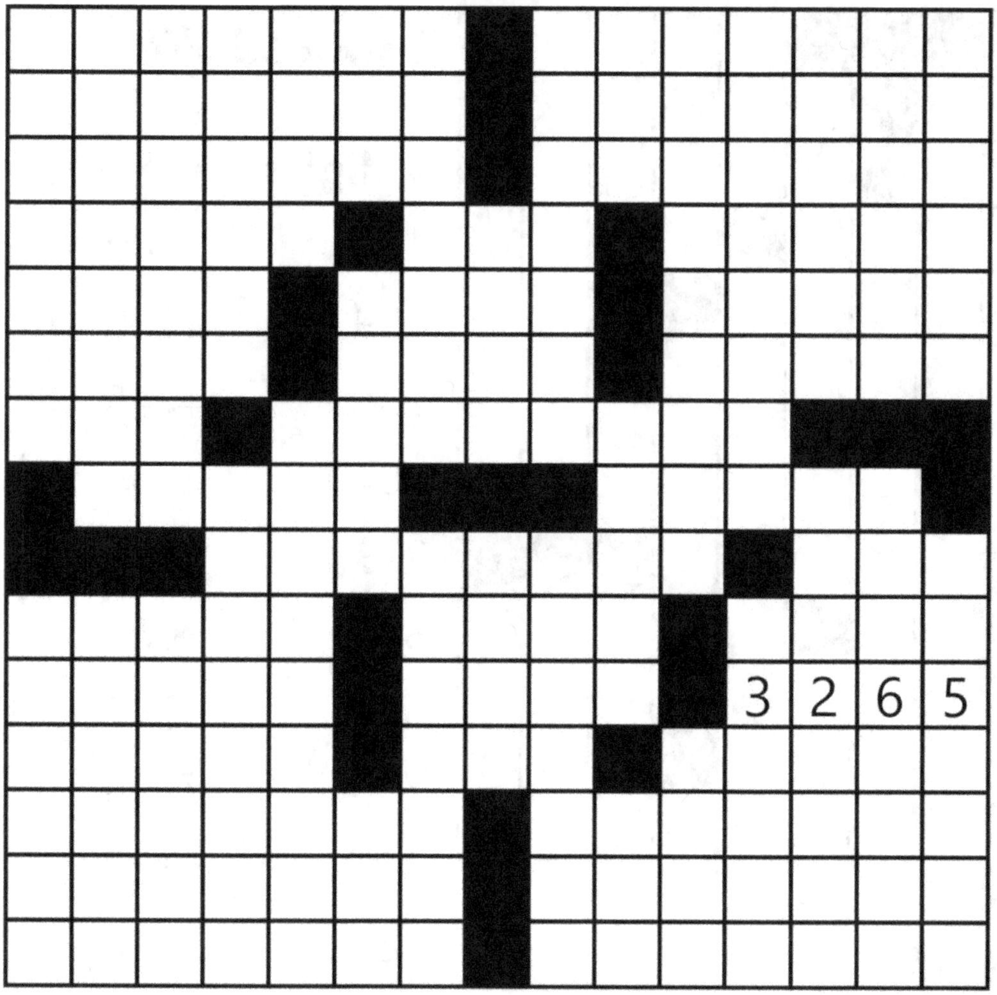

PUZZLE 71

3 digits

137
381
393
561
713
752
767
788

4 digits

2712
3235
~~3265~~
3400
4455
5839
6461
6718
6851
8505
9345
9561

5 digits

11211
12367
15478
27802
36021
45760
51403
64368
82532
93199
98827
99054

6 digits

236579
392709
493441
498986
592394
657839
705673
791619

7 digits

1511356
1859017
3251147
3662581
3697872
3828995
4999765
5188327
5725561
6432732
8357553
8377671
8379436
8486655
8837944
8921171
8976517
9363678

8 digits

24734328
39948862
63720590
79162641
79235317
82653362
98603199
98851393

9 digits

728159928
904042657

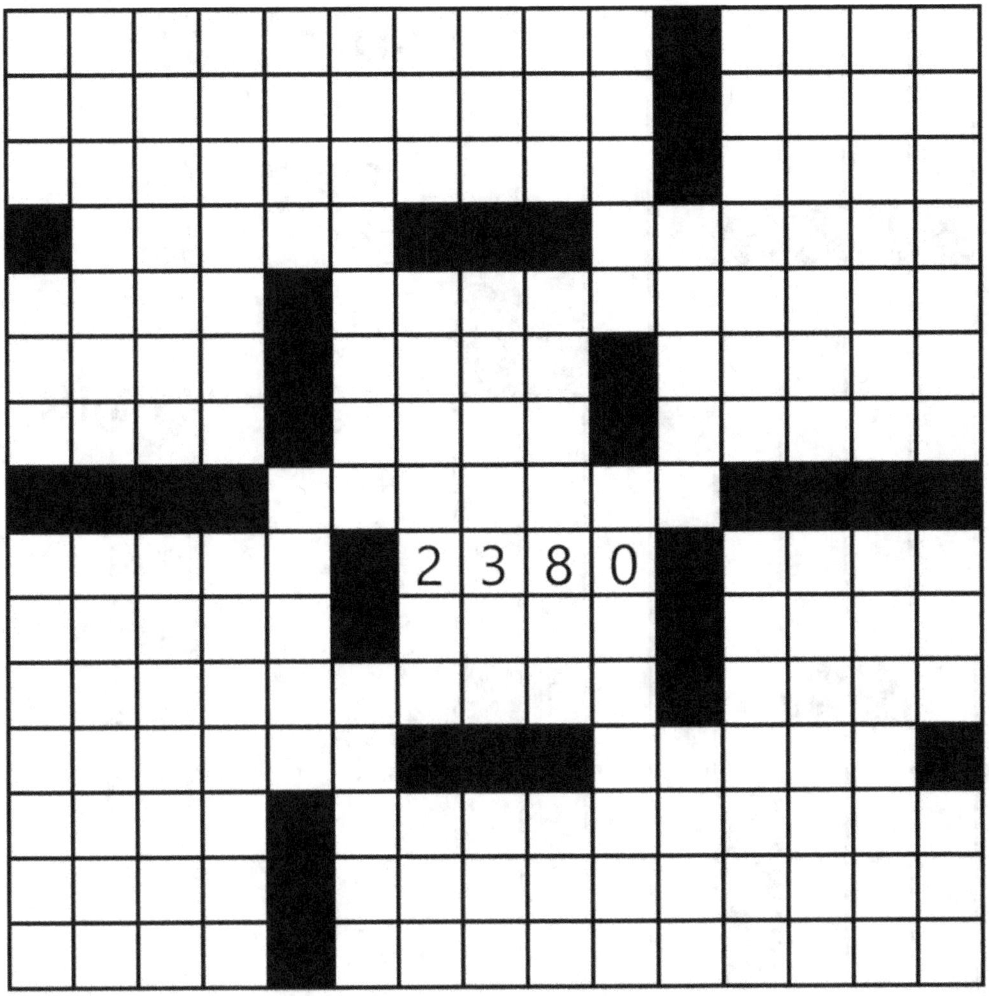

PUZZLE 72

3 digits
300
311
522
553
595
687
751
786
928
932

4 digits
1370
1454
1774
2155
~~2380~~
2406
2623
2710
3222
3263
4386
5154
5583
6774
7480
9060
9266
9702

5 digits
24941
32540
42563
48558
53625
67197
70079
81887
91810
93670

6 digits
387297
826743

7 digits
1288775
1482443
2046866
2256625
3437965
3975980
4116338
4165221
4176221
4406809
4443625
6403208
6683422
7360691
8567778
8574775
9373165
9510342

8 digits
44557523
90634855

10 digits
1556869843
6645052818
7442945978
7494743972
7537530621
7868761293
8142742251
9958528621

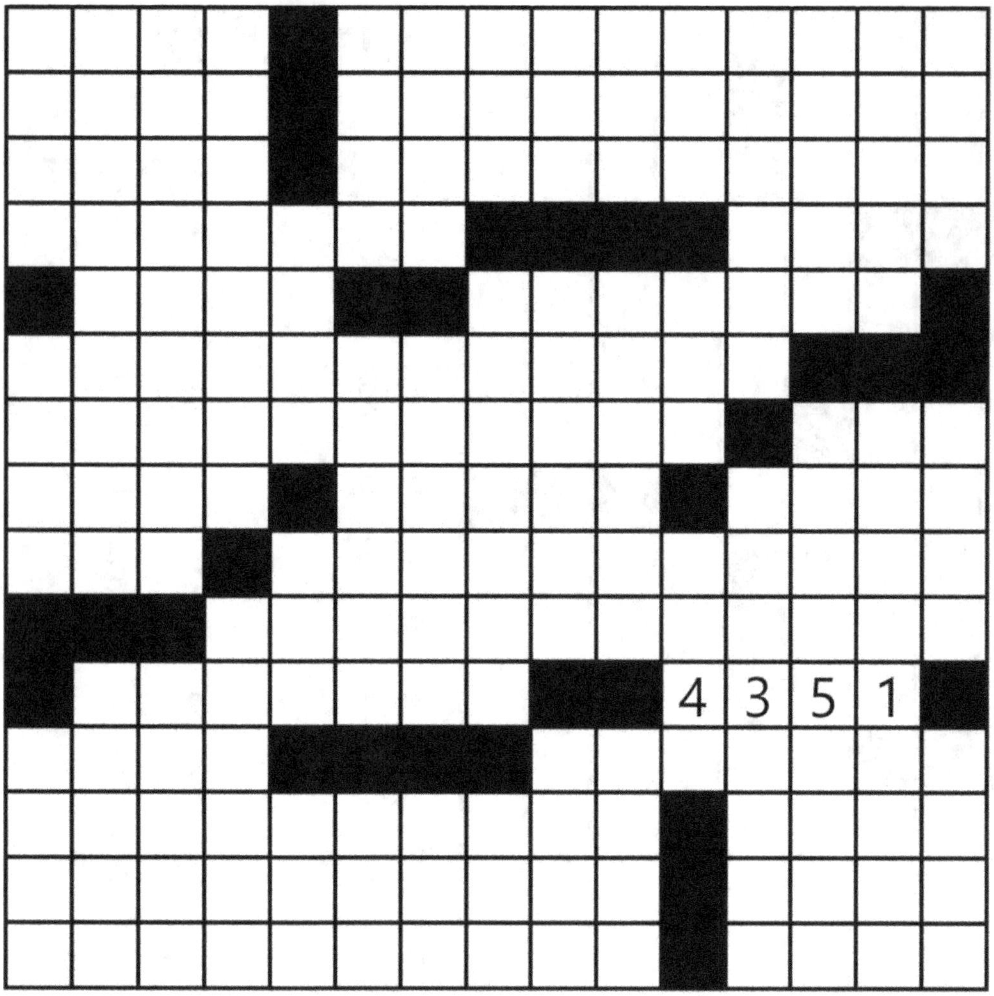

PUZZLE 73

3 digits
156
159
169
242
275
316
423
433
626
643
723
989

4 digits
1073
1174
2346
4144
4276
~~4351~~
4491
4518
4556
4789
5193
5313
5389
5581
5632
6060
6489
7031
7140
7326
8333
8541
8846
9150

5 digits
22364
37982
48660
68551
72088

6 digits
122602
356506
392216
686414
729050
842403

7 digits
2169018
2723725
3423635
4410546
7607257

8 digits
59537688
83604620

9 digits
175182056
236152035
505485911
717115634

10 digits
1267263674
1322445824
2960111434
6200969369
7463236509
7865655228

11 digits
19022942269
42470179678

12 digits
552633872886
731022415119

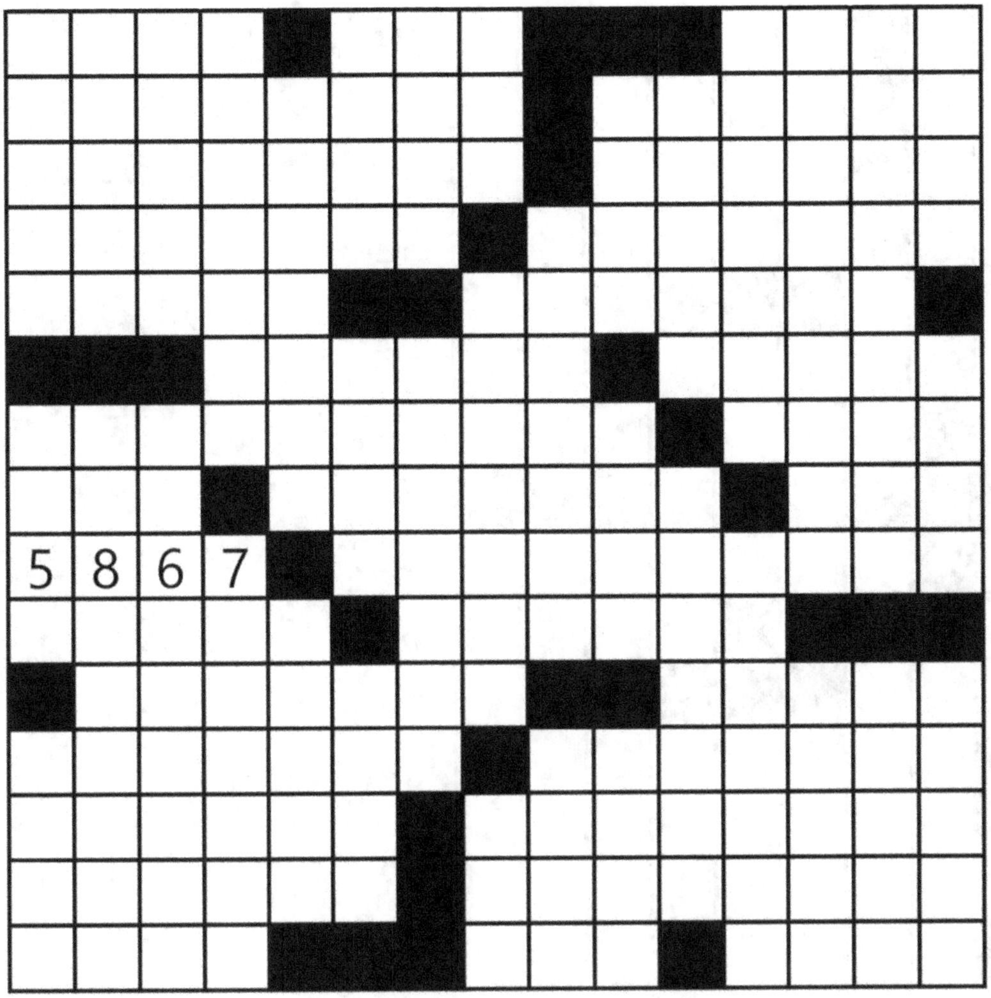

PUZZLE 74

3 digits
155
267
338
787
871
933

4 digits
2714
2972
2975
5242
5476
5675
~~5867~~
5924
6359
6648
6875
6891
7636
8118
8438
8738
8906
9351

5 digits
12036
14786
49158
58649
58658
60317
65684
71369
77630
83862
90375
98062

6 digits
107217
142272
202595
594463
920849
946788

7 digits
1946495
3052468
3288560
3435829
3970287
4533558
5646135
6213699
6227806
6814427
7373226
7425882
7887988
8443398
8741442
8984578

8 digits
61610747
77729668
86844386
89723968

9 digits
286094720
369265132
638234049
645806791

10 digits
1746371128
9629688188

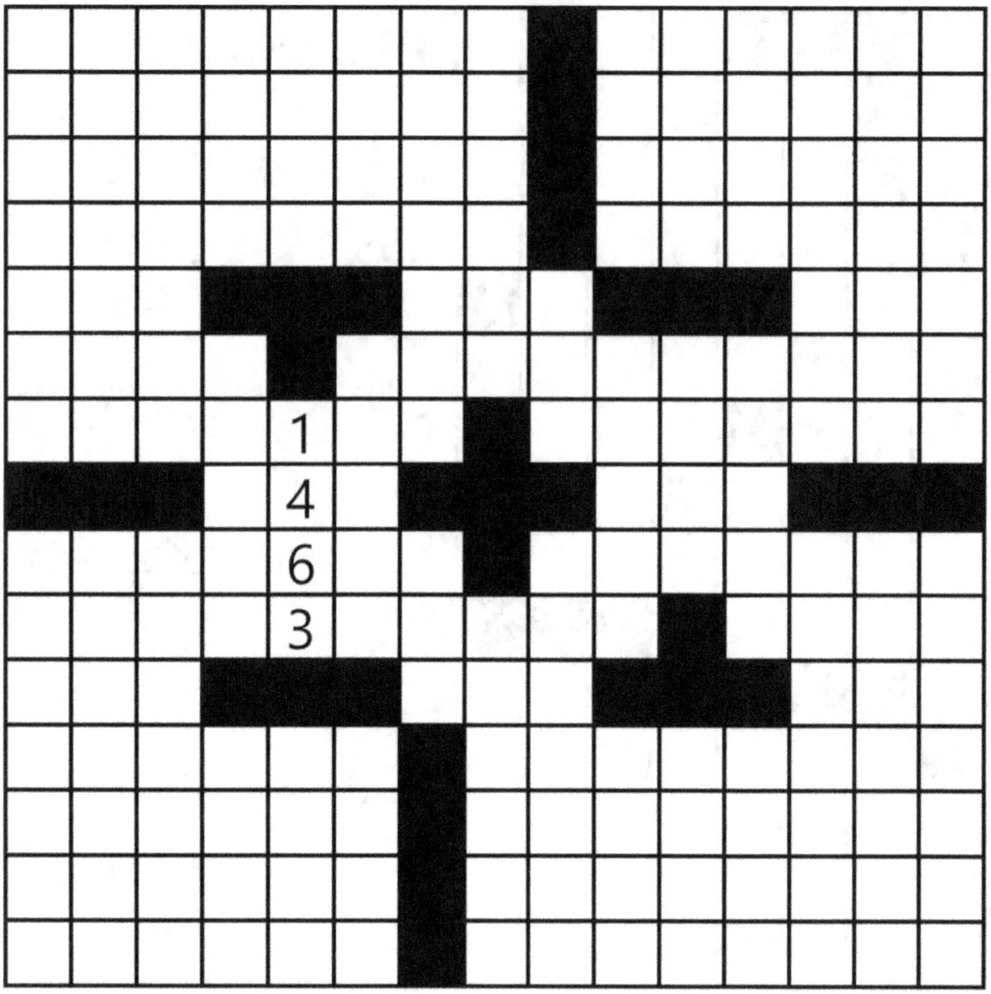

PUZZLE 75

3 digits
324
427
435
535
629
663
745
831
859
934

4 digits
~~1463~~
2673
2772
3200
3266
4393
5038
5736
5738
6242
6804
7170
7202
7573
8963
9991

5 digits
12778
42517
59542
75554

6 digits
209226
238162
245898
425023
431462
446007
695450
704372
737384
793441

7 digits
1256077
1561612
1728470
2214965
2392862
4487244
4572314
4927643
6564064
7494791
8316499
8341623
8412324
8976827
9381294
9412197
9630042
9846601

8 digits
16365482
18947675
27648402
33421999
40280048
61420364
67603676
89767886

10 digits
4628322424
5203754202

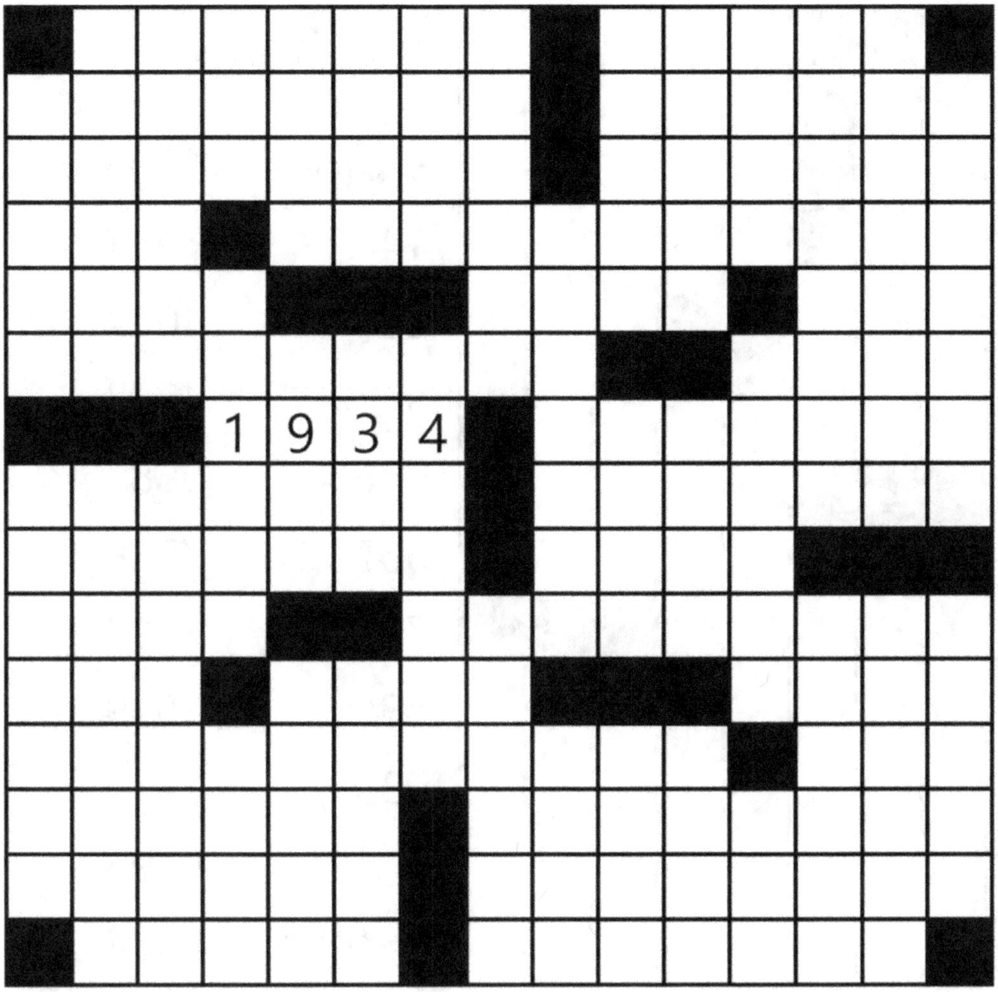

PUZZLE 76

3 digits
103
179
408
563
654
685

4 digits
1428
1751
~~1934~~
2052
3228
3813
4007
4118
4334
4547
5967
6157
6412
8447
8804
9022
9070
9512
9645
9832

5 digits
66393
66687
67059
68195
74209
85644
90000
98446

6 digits
161023
226544
244000
479851
556188
659969
694548
725498
751062
771205
839243
868506

7 digits
1163234
1424327
1880634
2749607
4654996
4836749
6349747
7449744
8748348
9191295

8 digits
10841544
30277430
59431739
80020496
83582414
87961085
88001477
95031426

9 digits
418554799
755124279

11 digits
31290746481
80299983374

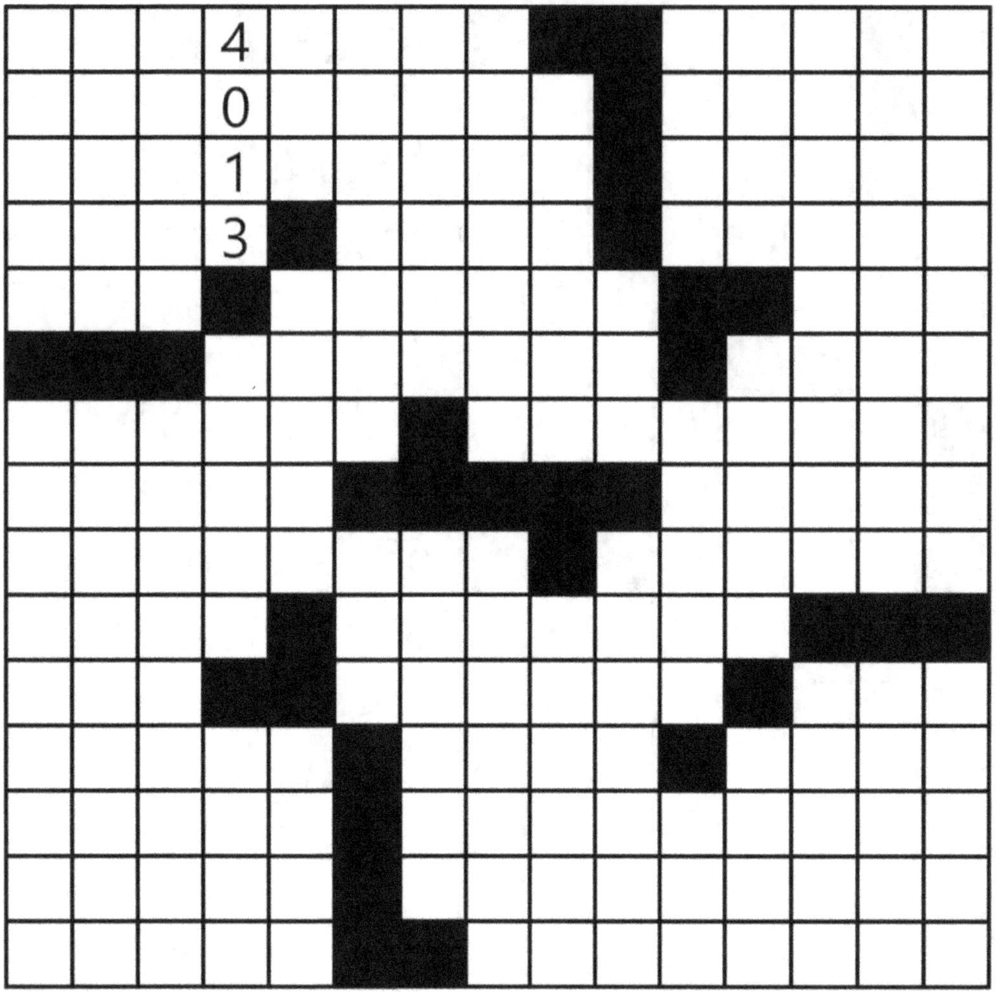

PUZZLE 77

3 digits
144
237
541
636
667
722
885
935

4 digits
1202
1857
~~4013~~
4263
5687
7298
7314
7559
8378
8398
9004
9301

5 digits
19599
22493
25003
25717
30148
35565
39298
39428
45633
50389
51217
54187
58278
62244
71916
75948
78914
81321
83622
96815

6 digits
101844
157200
208663
418423
586284
749350
960025
962299

7 digits
2028626
2621634
4057007
6620071
6630794
8583245

8 digits
19124669
50629384
54645118
73346216

9 digits
423675429
445225991
563996626
585965423
595066569
636062671
814038550
928138616
929657973
945172726

PUZZLE 78

3 digits

235
385
412
676
758
840
843
937

4 digits

~~1916~~
2382
2971
3083
4394
5624
7029
7165
7216
8459
9017
9943

5 digits

18216
18524
20552
21854
25156
40395
41456
41993
45485
49066
49108
51518
57735
60340
65160
78125

6 digits

189253
223253
365895
424412
483393
539849
549795
572600
651935
827257
847741
873954

7 digits

2315667
3243673
3872987
5097449
5224275
7730475
8273868
9509540

8 digits

17241374
23083544
35144189
71250179
82322839
85490988
92438993
94531545

10 digits

1237174014
2073513344
2424597259
8302016598

PUZZLE 79

3 digits
618
864

4 digits
1065
1458
1475
1626
1659
1770
~~2489~~
2999
3376
3383
4411
4448
5211
5434
5709
6002
6315
6745
7223
7733
8452
9061

5 digits
13551
14546
24956
25178
28079
28967
32844
38600
43167
44987
45871
54370
65279
69509
79232
82094
86896
89330

6 digits
317657
338157
406286
409605
587017
606226
710457
829177

7 digits
3047862
3499910
5651499
8073116

8 digits
11911228
33488100
40238734
40502426
40970156
93265276

9 digits
235624762
447031843
519374798
533921115
710710084
785069721

10 digits
3332421622
8942528915

PUZZLE 80

3 digits
215
295
424
497
514
517
555
683
731
742
764
940

4 digits
1031
1750
2124
~~4061~~
4861
5064
5846
6005
6779
6863
7329
7965

5 digits
21070
37386
49550
55403
70270
72943
81435
82776

6 digits
113485
251292
459637
509254
548302
555486
557647
561958
579334
714471
838205
872461
920202
924299

7 digits
2561864
2932967
3352226
3484813
3669586
3708319
4036981
4673254
5145077
5729574
7725246
9013630
9603188

8 digits
12476367
80515024

9 digits
509181163
667834280
840260305

10 digits
1024597953
5425401261
7455513202
8699215523

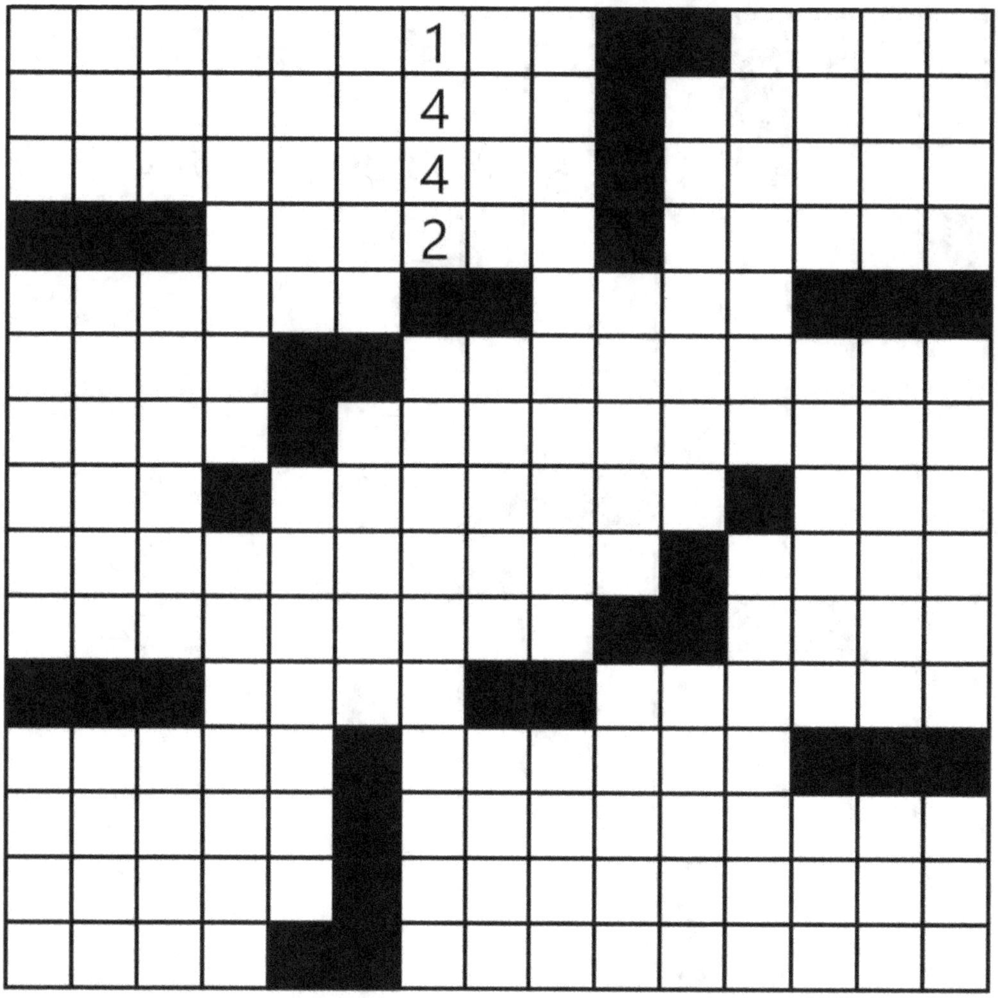

PUZZLE 81

3 digits
125
170
229
318
625
808
867
941

4 digits
1089
~~1442~~
1777
2135
2147
2869
3232
3333
4197
5314
6621
6707
7671
7755
8318
8409
9005
9812

5 digits
11362
14997
17021
18267
41634
42084
46944
52447
73735
74302
90061
90630
95401

6 digits
432479
456146
703331
727120
778386
849072
853972
860290
891314
913112

7 digits
3860850
5364265
7008042
8166431
8556411
9417451
9524744

9 digits
137345072
262084482
281717129
292344787
292356509
751470805
816648816
975023463

10 digits
1500754097
2566517817
7715536395
9230120499

PUZZLE 82

3 digits

606
744

4 digits

1319
1383
1523
2819
2875
3186
3211
3261
~~4203~~
4267
4303
4535
4907
4918
5336
5392
5452
6083
6117
7059
7082
7196
7388
7886
7889
7970
8450
8466
8861
9211
9281
9331
9744
9920

5 digits

40871
43800
48882
54274
63988
68130
70748
76151
88123
90401
91428
96613

7 digits

1103832
4163246
7375312
8622611

8 digits

57199909
75354150
91153141
95808103

9 digits

511871178
981301454

10 digits

1925173205
2125491832
2359751573
4128122153
4394002393
5075871700
6697057435
7734407971
8529961116
9027519891

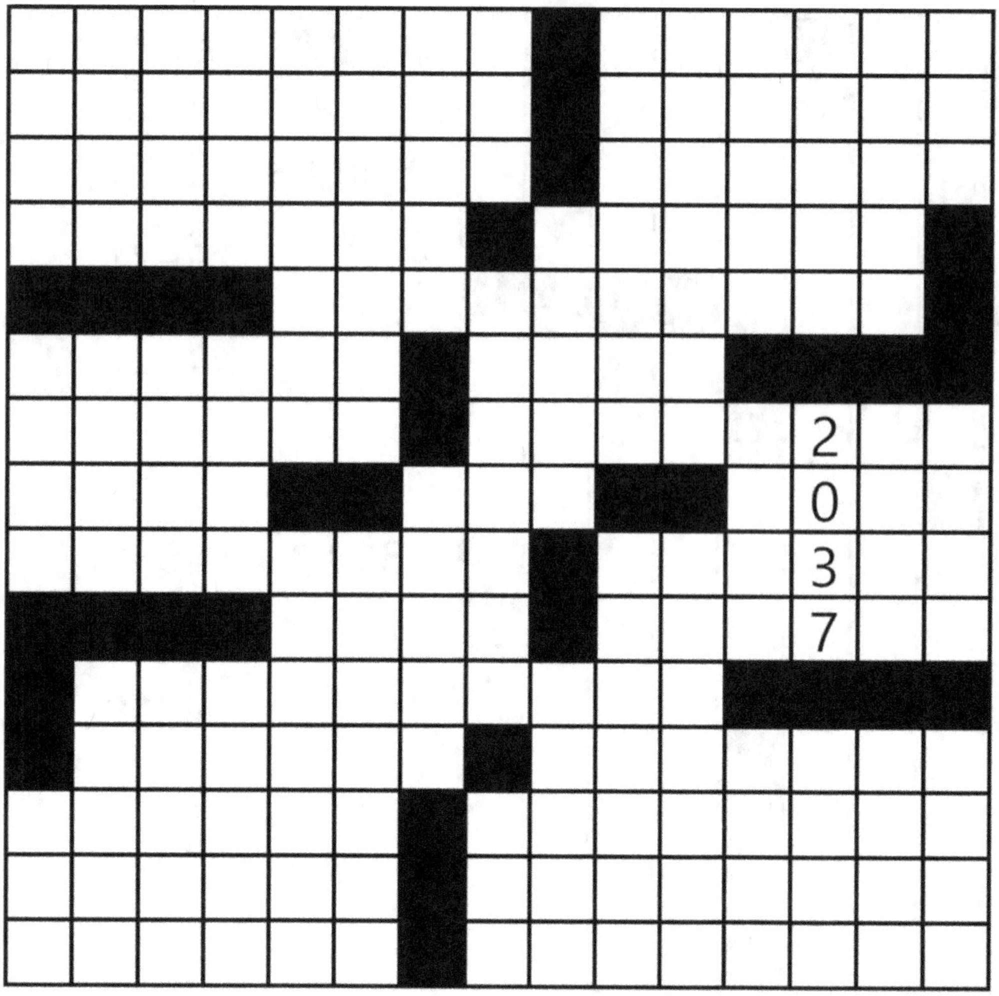

PUZZLE 83

3 digits

288
419
483
552
612

4 digits

1016
1628
1662
1692
1702
2030
~~2037~~
2196
2610
5014
5076
5206
7103
7260
7279
7346
7373
9234
9703
9831

5 digits

14481
15230
38102
44456
52228
59644
64821
69216
76001
90027

6 digits

101848
127222
216125
222041
271963
322222
486371
555964
602461
694024
772089
900734

7 digits

1206105
3642185
4775627
4861862
4952808
5267115
5272202
5272934
8016145
8540932
9100642

8 digits

30856686
39176448
42813062
69249396
70247275
83044120
86608548
91254842

10 digits

7610447151
8964829871

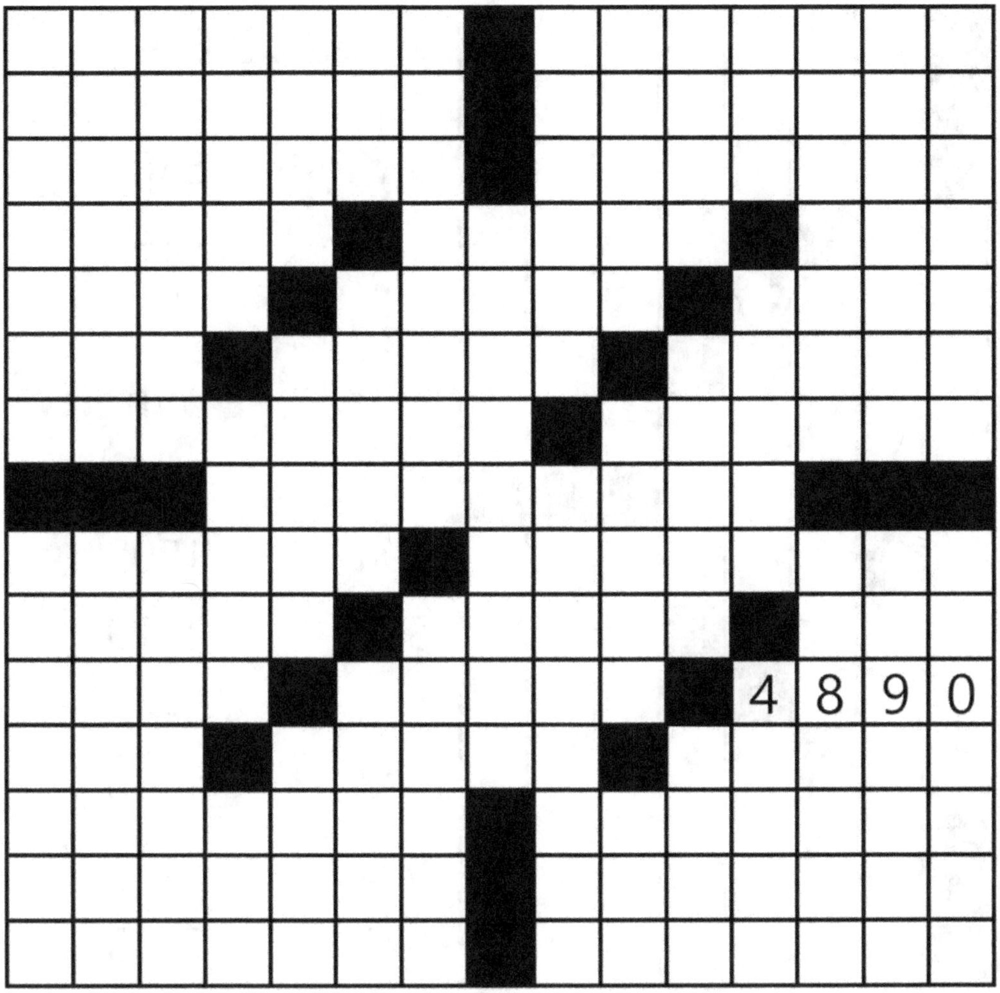

PUZZLE 84

3 digits

146
190
193
313
602
942
985
996

4 digits

1277
1923
~~4890~~
5790
6492
7054
7113
7922

5 digits

12310
15030
15383
17285
26780
32251
45425
52231
63944
68060
69344
71042
74563
83050
92993
93979
95800
96400
97290
99301

6 digits

359654
556505
892521
934310

7 digits

1183205
1924587
3066031
3439992
3575562
3699641
4464975
4651496
4723567
4999795
5209993
5493876
5676433
5810940
6012936
6080530
6980545
7176294
7872471
8211014
8517735
8866719
9200712
9211447

8 digits

13204659
54076235
93001173
93512233

9 digits

448309284
539501333

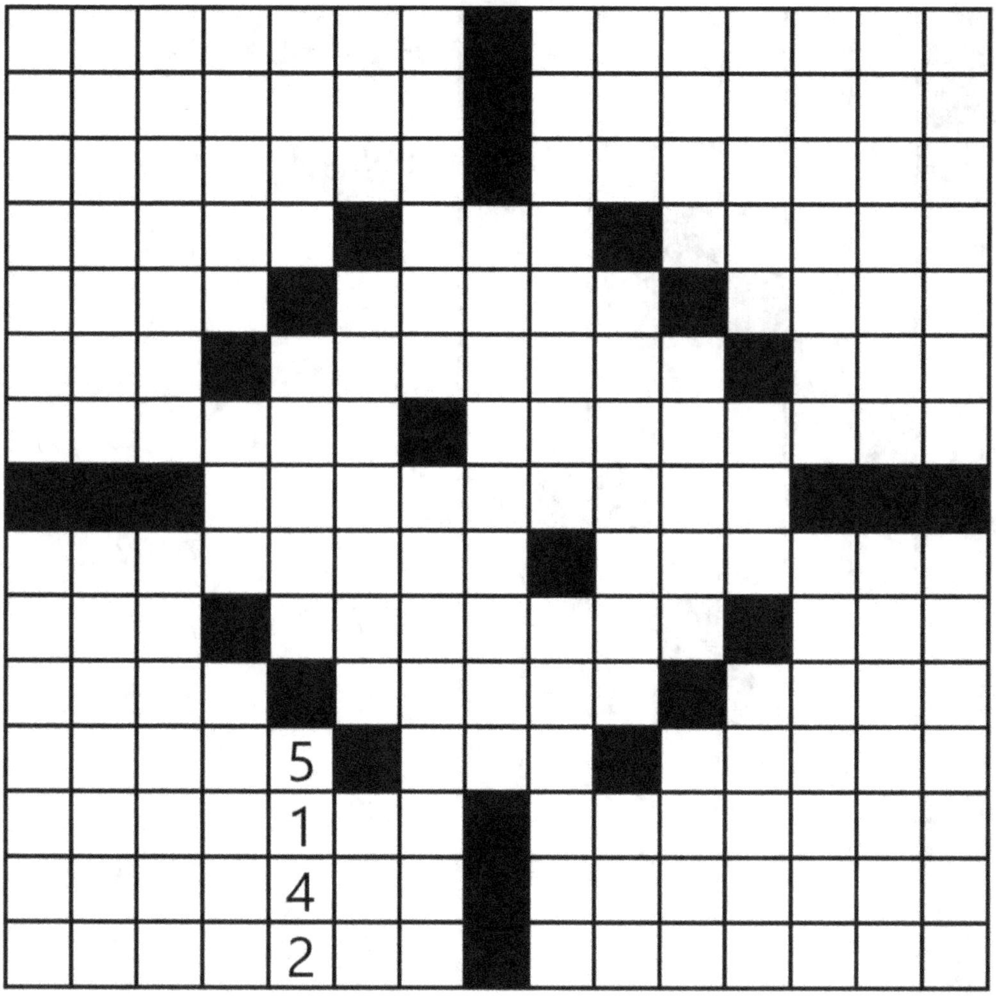

PUZZLE 85

3 digits
111
147
158
342
494
586
633
734
809
835
836
965

4 digits
1479
1802
3679
~~5142~~
6015
7121
7195
8052

5 digits
10409
16843
19081
28580
33047
48307
53334
55205
58601
67385
76469
90158

6 digits
247746
489139
704297
832704

7 digits
1240113
1354912
2884953
3309330
4045180
4235668
4340730
4661649
4824572
4959707
5253400
5310040
5742593
6306485
6386479
6613370
7407098
7452759
7518913
7908436
7929320
8909207
9001958
9006177
9115394
9471718
9793294
9800268

8 digits
23584508
43583232
59031068
67545595

9 digits
312592939
533295904

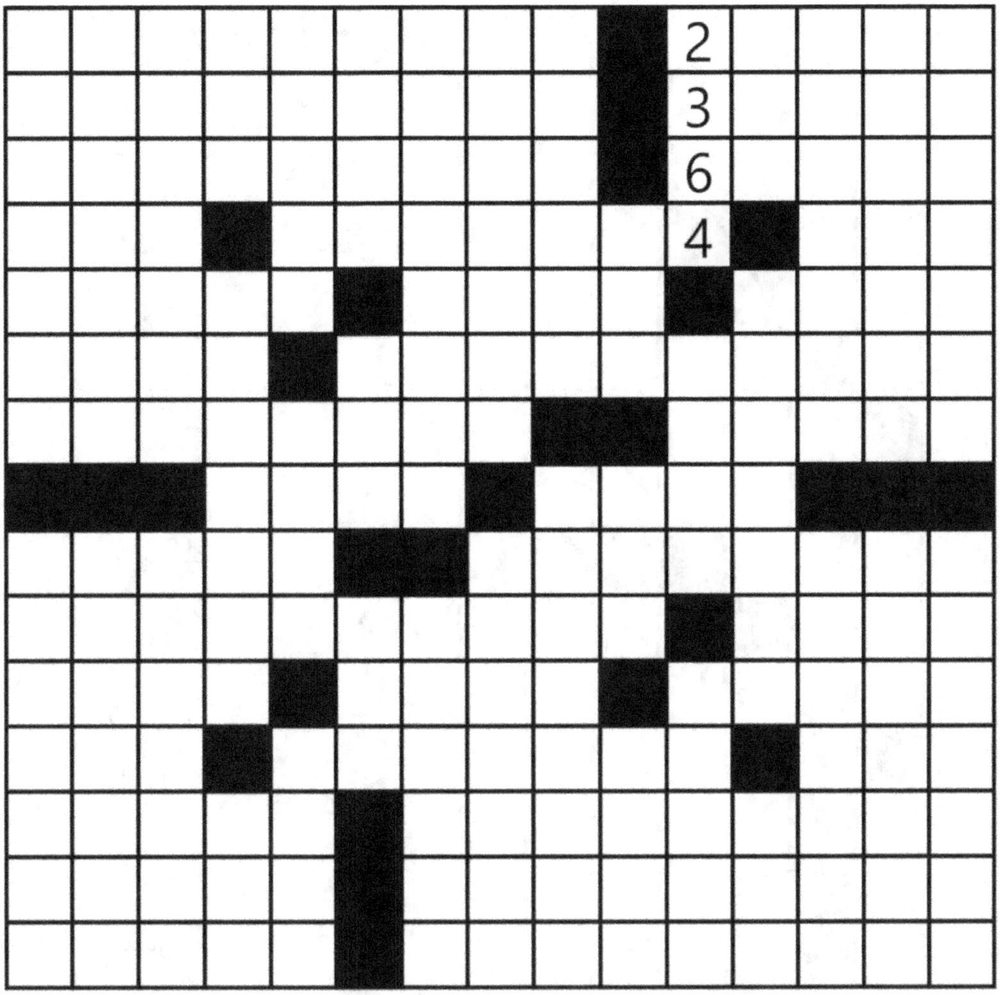

PUZZLE 86

3 digits
150
167
319
361
756
804
820
823
844
951
957
988

4 digits
~~2364~~
2614
2997
3665
4784
5990
6803
6811
7307
7599
8202
8492
8822
9662

5 digits
13516
18023
21567
26236
36031
38992
53174
54341
59583
63753
67619
68801

6 digits
121564
783484

7 digits
1326486
1693182
2175663
2216022
2590943
2875988
5068935
5735594
6312908
6888213
7190773
8242638
8493259
8717111
9206825
9446338
9771003
9836124

8 digits
18599829
25316553
58621320
91133753

9 digits
199867921
443638193
460414188
627433112
882140183
907470171

10 digits
1764775307
8242197361

PUZZLE 87

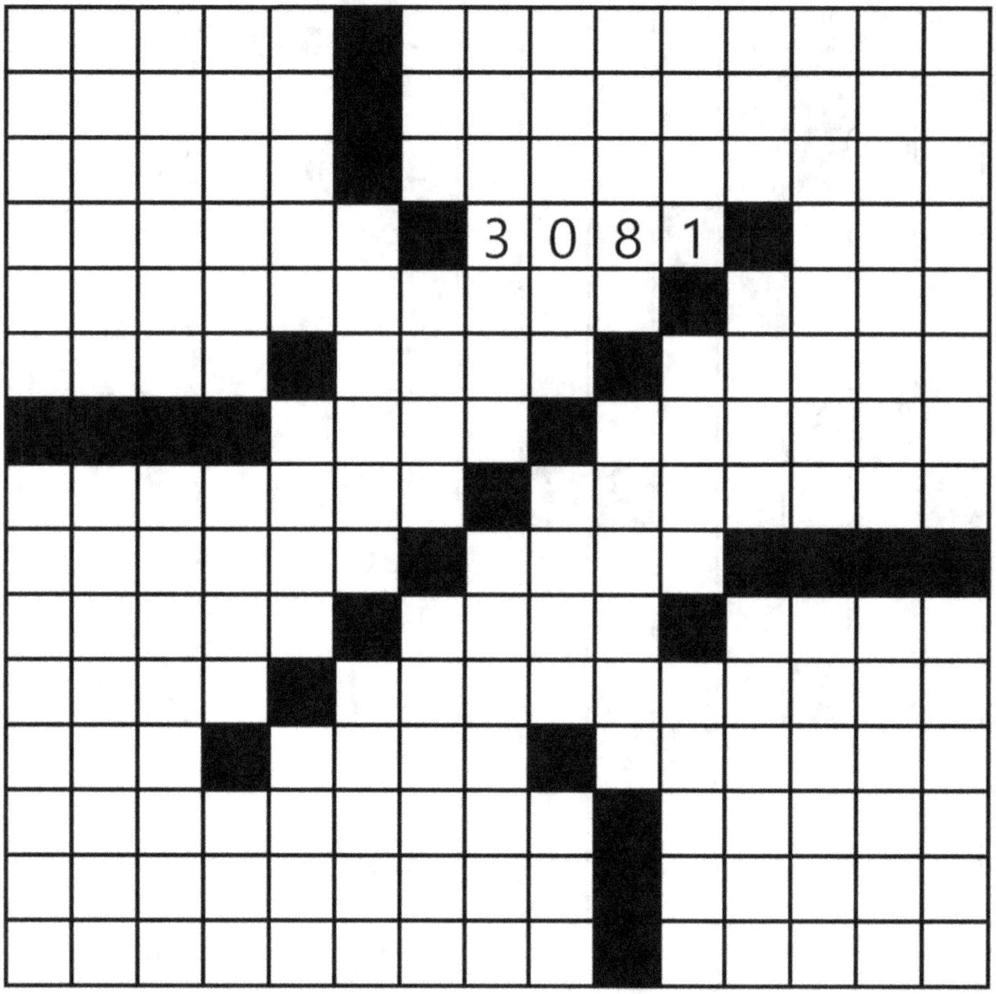

3 digits
145
290
354
456
656
733

4 digits
2325
2431
~~3081~~
3442
3587
3710
4817
4820
5106
5533
6469
6761
8640
8859
8930
9450
9659
9845

5 digits
27034
28494
36416
37796
44336
60795
62762
66425
71484
76454
96166
99695

6 digits
103519
243611
282089
315245
370662
380608
393015
432762
477593
530474
592409
756021
779454
850599
881062
920009

7 digits
4759465
4850610
5266111
6393543

8 digits
20516666
21244911
26250510
29685786
55983159
62154304

9 digits
173284246
468767222
538173016
580941465
691463522
964056556

10 digits
3157868357
6961502564

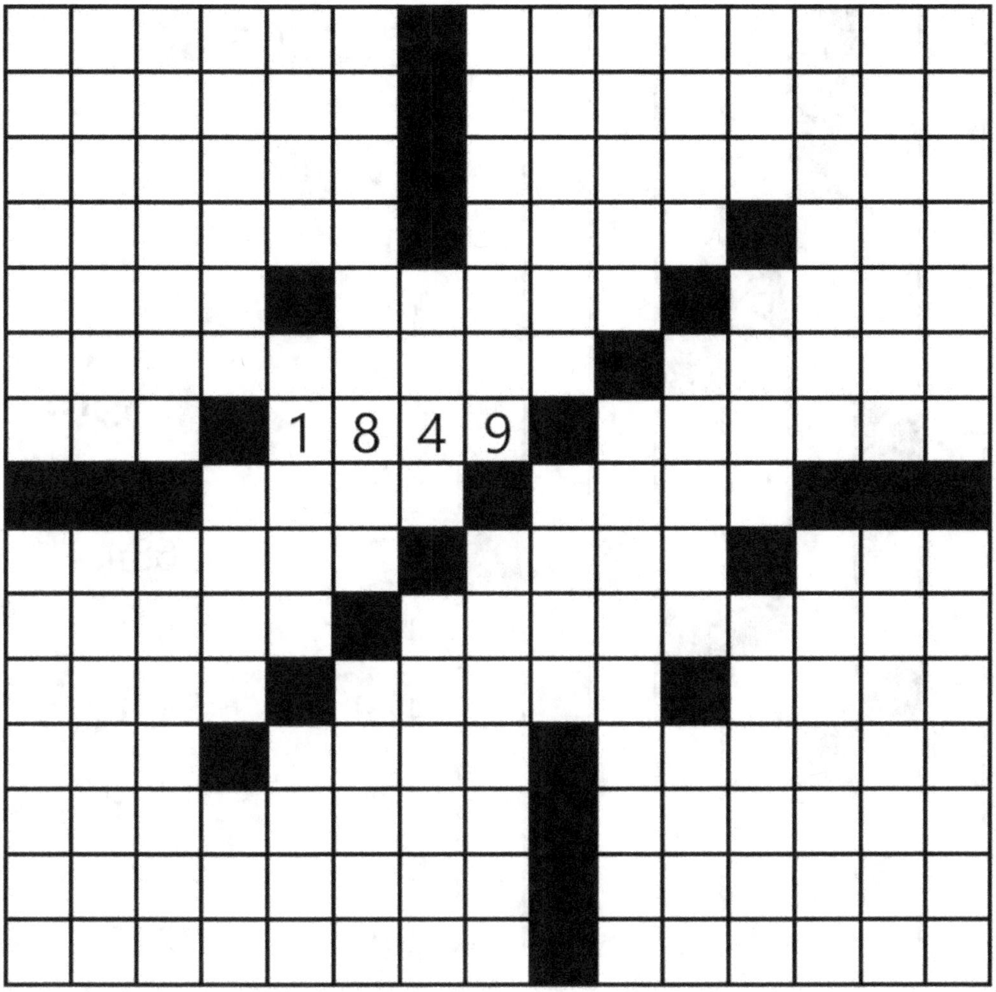

PUZZLE 88

3 digits
243
339
407
528
747
773

4 digits
~~1849~~
2075
2235
2398
2567
2740
2796
2830
2945
3393
7065
7467
8095
8126
8705
8725
8856
9901

5 digits
13821
21880
32441
72126
77435
77783
78035
85060

6 digits
164884
180708
416581
490201
654529
675504
790000
815350
837366
851751
873768
902626
947119
957744

7 digits
1540647
1869668
1968277
2113926
2600205
3676048
4223717
4747793
4874582
5797607
6067764
6453067
7788429
8518601

8 digits
27475548
56777050
75304218
79172421
84640304
87863216

9 digits
499630831
669154765
769020724
899131978

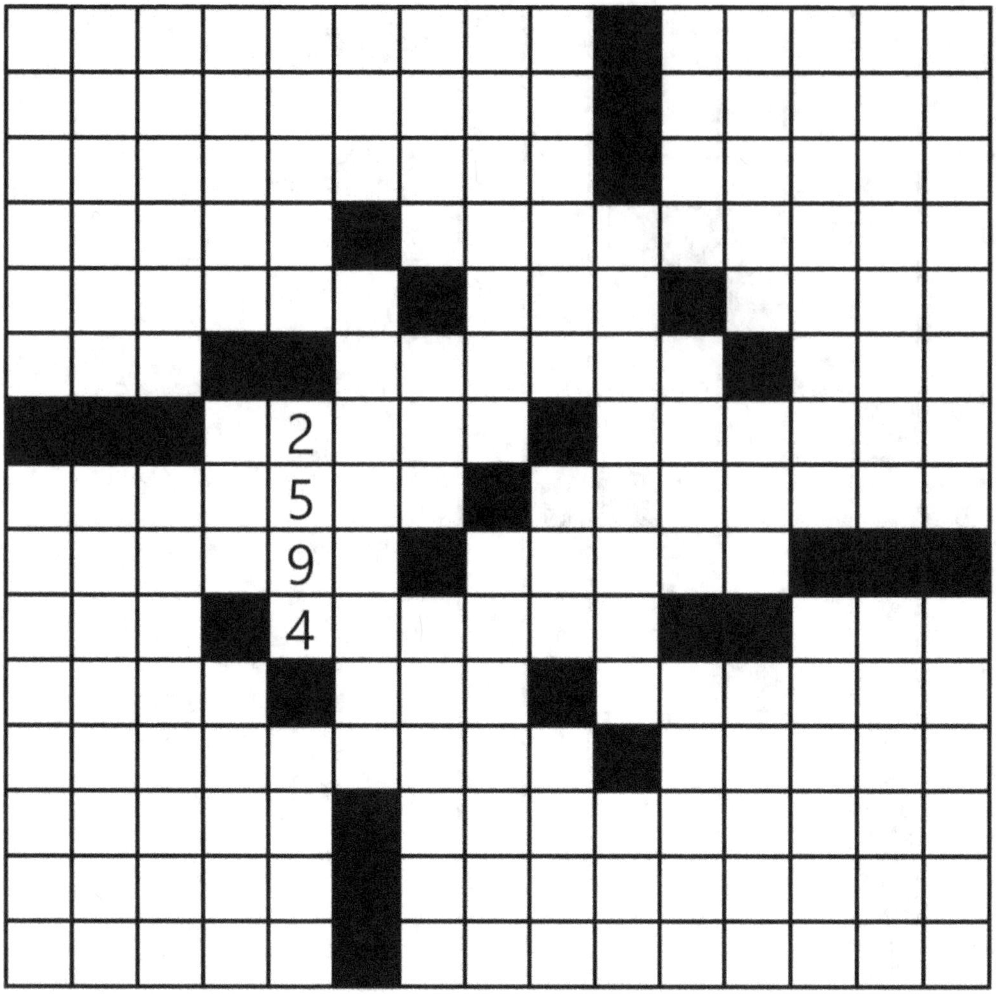

PUZZLE 89

3 digits
115
117
212
230
256
405
429
457
651
749
865
886

4 digits
~~2594~~
2684
4579
5120
5368
5693
7213
7227

5 digits
12547
15785
22867
29427
33588
35680
37628
45900
50006
57989
66976
68704
75985
79103
79756
97466

6 digits
105590
116668
186534
222926
363075
373307
411056
429723
467940
535996
717060
776329
837637
932035

7 digits
4041437
5891589
6020366
8925031

8 digits
51276936
53580124
80329738
88269123
95012457
95793761
97456190
99029968

9 digits
179428444
633661993
666520492
672986749
692524605
813528502
868183069
917908569

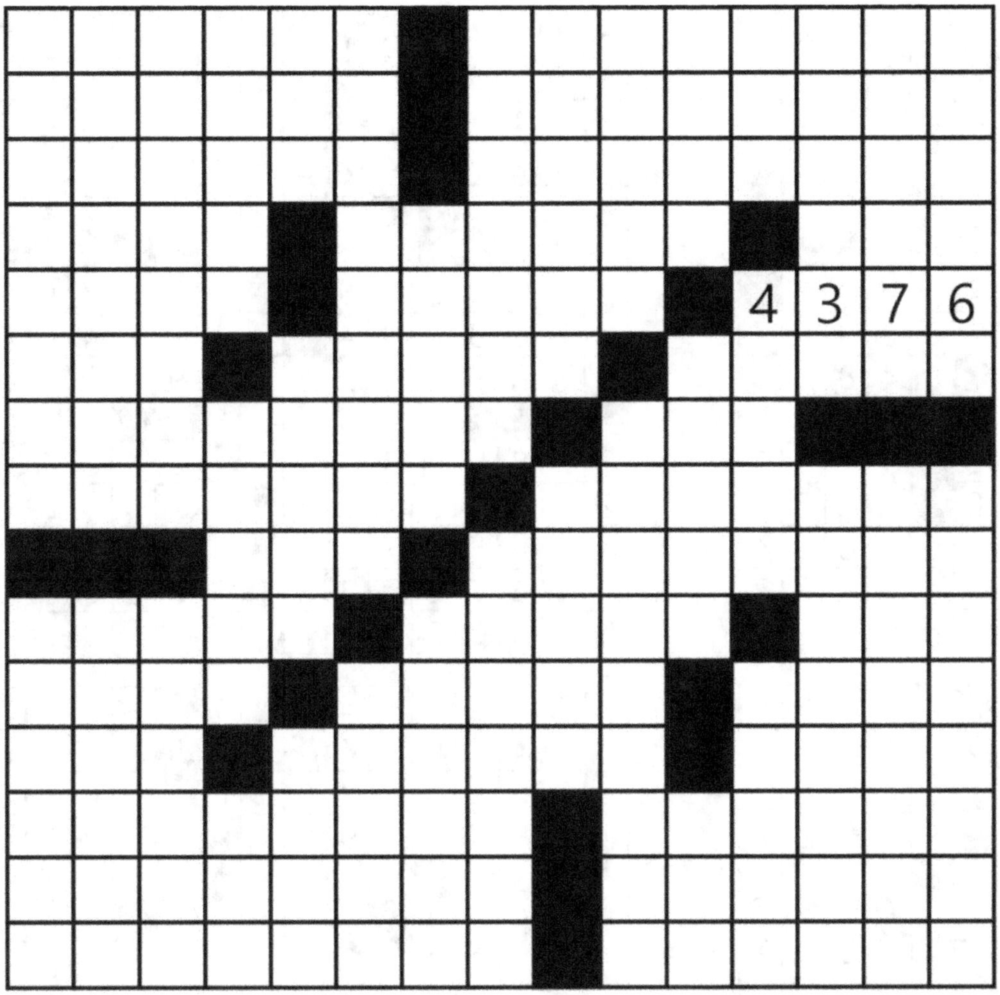

PUZZLE 90

3 digits

140
142
218
239
370
717
837
854
981
998

4 digits

1619
2023
3045
3612
~~4376~~
5159
7562
8886

5 digits

15845
26892
35135
37832
39217
39705
47895
48094
58085
67970
72972
76083
76798
91807
95580
99000

6 digits

149762
306080
328530
384173
385375
470838
594511
638657
751378
765622
813373
814354
869322
914676
944002
969000

7 digits

1564008
2029683
6782544
8173264

8 digits

13371481
14424988
30099045
50954714
52748806
59800307
60361533
66618002
66760039
70875198
72626304
75323276
80715357
86015000

9 digits

813959141
900082383

1

1	9	3	8	8	4	2	7		3	3	1	6	4	3
9	4	2	0	1	0	3	7		6	3	5	4	4	0
3	2	8	2	0	5	0	1		8	4	4	7	4	5
5	9	9	9		8	8	5	8	7	7	8	5	8	1
1	1	1	6		8	1	9	2	3		4	8	4	0
2	3	6		1	1	2	5	3	7	8	3			
9	9	6	1	0		4	5	5	4	5	0	7	9	
6	5	3	9	5	5				7	5	3	2	6	7
	7	4	2	7	7	5	6	1		6	4	8	0	2
			7	3	4	3	6	7	9	1		3	0	8
3	6	9	3		8	5	5	9	2		1	1	6	5
4	0	8	2	7	6	7	9	8	0		7	2	8	6
1	7	3	3	9	4		1	0	0	9	8	6	5	4
5	5	6	1	0	5		5	7	0	4	6	3	3	7
7	6	9	0	7	4		2	1	6	6	9	4	3	7

2

6	4	1	4	1	5		5	8	4	2	4	5	1	7
6	6	1	4	1	0		1	5	7	9	5	4	7	6
1	6	1	7	3	9		3	8	8	1	9	5	0	4
5	4	9	6	0	4		5	8	1	8	8	3	0	4
	2	7	9	8		8	2	4	2	1	4	5	3	4
5	9	8			8	8	7	4	6	8				
3	2	4	8	3	6	5	1		3	2	6	7	6	4
6	7	6	3	2	8	4		5	1	3	3	4	6	4
9	7	8	9	1	5		7	5	5	9	1	7	0	3
				9	6	6	2	0	5			5	6	5
8	3	8	9	1	3	4	8	2		2	4	8	1	
2	0	3	0	9	7	0	1		1	2	0	9	8	6
4	9	6	5	0	7	9	9		5	4	7	5	4	2
4	1	6	7	5	7	3	7		7	8	2	0	3	8
9	6	5	0	2	1	6	4		9	7	5	9	5	8

3

7	8	3	4	2	9	6	5	6		3	1	8	1	9
5	6	5	1	6	8	3	7	5		2	5	4	1	9
6	0	0	5	8	9	7	1	0		1	2	6	5	7
1	0	3	0		1	4	1	8		5	5	9	3	2
3	6	2		8	9	9	9	6	3		3	1	5	2
9	8	5	3	0		2	7	3	7	9		8	8	1
			2	7	8		5	1	2	7	1	8	7	1
5	8	5	5	9	4	4		4	9	5	0	5	6	4
9	0	4	5	3	1	6	2		4	3	4			
9	4	4		7	1	8	3	5		4	0	5	2	7
4	4	2	1		6	4	7	2	2	0		2	4	6
5	6	3	8	8		6	8	5	2		7	3	8	9
4	0	2	8	5		6	2	0	3	2	6	8	3	6
7	1	3	4	9		3	4	9	9	5	2	8	3	4
1	0	4	6	4		9	9	6	0	0	0	9	2	7

4

9	3	6	6	9	5	4	9	2	1		5	2	9	8
4	6	4	5	9	6	6	4	4	2		1	3	3	6
3	0	6	2	5	5	3	6	8	8		8	4	9	3
1	9	8		1	6	9	0	1		4	2	2	5	9
9	0	3	1		9	1	2	3		3	5	3	5	6
8	1	5	1	4		5	9	4	6	3		8	9	3
			5	0	8		1	5	1	7	2	2	2	9
7	6	1	3	8	4	9		8	6	1	8	1	9	8
1	9	7	7	6	7	3	3		7	0	1			
3	0	1		5	5	6	7	7		4	2	1	4	8
5	2	1	4	6		5	5	1	9		6	0	7	9
3	9	4	6	5		7	4	6	9	8		4	0	3
3	0	9	3		9	6	9	4	4	0	8	5	4	2
7	5	0	9		6	0	1	7	1	2	8	2	8	3
5	7	8	6		8	5	1	5	7	6	4	6	2	9

5

7	3	6	8	3	6		5	1	5	9	6	1	9	2
1	5	0	2	0	8		3	2	6	6	2	7	3	5
9	3	7	0	0	3		4	0	7	1	9	9	9	9
7	9	3	5	4	0	5	6	5	1		3	4	5	5
1	8	7	7		2	4	0	5	5		2	5	8	5
1	8	9		7	0	1	1	6		9	9	1	0	7
9	2	8	9	6	1	6	0		9	3	5	0	0	5
			8	4	4	0		1	3	0	2			
1	1	8	5	0	4		1	8	2	6	6	7	6	4
3	6	2	9	5		1	7	3	1	6		6	3	4
8	6	9	6		9	5	3	0	1		2	3	7	5
1	7	8	4		4	3	3	4	1	8	0	7	0	7
9	2	3	0	4	6	2	9		5	0	6	6	7	4
3	3	0	4	6	8	5	2		3	2	7	8	1	0
9	0	2	1	9	5	0	4		4	3	8	1	8	6

6

7	1	6	2	5	5		3	2	8	4	9	1	6	5
5	3	2	9	3	4		6	6	2	4	5	0	4	3
2	4	8	2	9	8		3	0	6	2	0	3	2	6
1	9	6	8		8	6	9	6	7	6	3	4	2	9
7	9	8		8	0	7	4	2	2		1	7	8	2
1	6	1		5	3	9	8	9		5	5	0	8	6
5	3	1	9	0	2	5	5		4	3	9	0	3	1
			7	0	1	9		2	3	0	6			
8	5	2	0	2	7		3	2	2	3	1	8	2	4
3	8	3	0	4		7	6	2	3	6		1	8	4
6	3	5	2		1	4	5	8	9	9		2	7	1
2	5	0	1	8	7	5	1	4	4		4	2	6	9
5	1	1	6	7	9	5	5		8	2	2	0	2	5
2	6	4	5	3	7	2	6		2	6	2	2	8	4
3	2	0	1	7	3	8	4		2	5	3	0	6	6

7

3	6	8	5	8	1		9	2	1	4	8	1	3	4
9	6	6	0	5	3		6	9	1	0	4	4	3	8
7	9	4	9	5	4		1	8	6	2	2	1	3	6
5	5	6	1	1		6	6	8	9	5	1	0	5	1
5	7	3		3	8	9	0	4	0		4	7	5	2
5	6	9		6	4	5	5	8		2	2	2	2	4
5	6	6	6	7	1	2	3		8	0	3	9	7	7
			5	3	8	8		6	0	2	2			
3	2	3	3	5	5		8	8	9	1	7	2	7	9
2	0	4	8	7		6	2	3	6	6		9	6	7
7	5	6	6		8	4	8	1	2	7		9	5	6
3	4	1	1	1	6	5	2	7		1	1	7	4	5
8	6	7	8	9	9	9	7		6	7	2	5	0	4
1	8	5	2	4	9	2	7		6	2	5	2	5	7
1	5	7	2	5	3	1	9		1	7	1	2	0	0

8

1	3	7	3	5		1	9	7	5	1	8	3	4	9
2	2	9	0	9		7	5	3	7	2	5	2	4	0
4	4	8	9	3		6	5	3	2	6	7	1	5	0
2	9	3	1	5	4	9	8	6	1		9	4	7	0
2	0	8	4	3	3	8	0	2	7		8	5	3	4
3	8	4	0		8	9	7	7		8	7	3	4	9
3	6	3		1	6	4	9		3	9	9	3	6	0
			8	3	3	4		1	1	1	4			
9	9	4	4	0	6		3	8	9	2		1	5	2
5	2	8	4	0		2	8	6	1		7	7	5	0
4	1	8	1		6	5	2	1	2	6	0	4	4	4
3	0	6	6		5	0	3	9	1	5	1	3	1	1
9	6	0	3	9	4	5	9	2		4	5	4	6	1
9	7	0	6	7	0	9	7	9		5	6	1	6	5
7	0	1	3	9	4	0	1	0		1	3	5	7	0

9

8	1	1	2	8	6	5		2	3	6	7	2	6	9
1	4	0	5	0	9	8		3	8	1	2	0	7	9
9	1	9	0	0	1	8		7	7	5	0	3	0	9
3	4	7	4		2	0	8	5			8	3	8	1
3	9	0		6	6	7	5	5	6	1	5	3	6	8
4	4	5	2	5		8	4	6	2	9	5			
8	1	3	3	7	3	1	6		3	3	1	7	8	9
2	8	3	9	9	6	9		6	1	4	4	5	4	8
2	8	2	7	0	8		5	9	4	3	8	6	3	4
			5	7	2	5	5	9		7	6	2	2	3
3	5	1	6	0	8	6	5	3	5	2		7	6	1
9	0	4	0			2	0	9	9		2	3	9	2
2	8	4	1	8	1	3		8	6	7	0	5	2	7
9	6	9	2	8	9	0		2	1	6	2	1	9	1
1	0	2	7	2	7	7		8	3	9	8	7	4	5

10

2	6	8	7	2		4	2	6	2	4	5	7	2	5
4	5	1	2	2		6	4	9	8	3	4	0	5	0
7	8	1	1	4		5	3	8	1	3	6	5	7	9
2	6	1	9	6	1	6	3	6	1	3		8	3	3
8	5	7	3	9	4	1	8	2	9		2	5	7	4
1	8	0			4	7	2	2		7	7	0	7	3
			5	2	2	7	5		7	7	5	6	6	0
2	8	7	4	7	8	5		8	0	6	6	6	6	4
9	6	9	9	0	8		5	8	4	8	1			
4	6	8	0	7		6	2	7	8			3	8	4
8	3	0	8		6	6	4	2	6	9	2	6	0	9
7	3	7		8	0	7	6	9	3	6	3	0	5	7
9	8	2	2	9	2	1	3	0		1	3	4	5	7
3	5	0	6	5	4	3	3	9		1	5	0	6	7
5	2	8	2	3	6	7	0	2		1	4	2	7	6

11

2	5	4	4	8	5	9	2		2	8	6	3	1	5
4	7	9	0	6	7	1	3		6	5	5	5	3	2
2	2	8	0	6	9	1	1		5	4	7	6	9	2
1	5	9	5	0	0	6	0		9	0	3	4	5	8
3	1	1	0		9	0	4	1	0	6		2	1	1
9	3	9	7	4		3	0	0	8		5	1	0	4
1	5	5	3	7	8		1	7	4	3	4	1	8	0
			4	2	3	7		5	2	3	1			
6	1	3	1	1	6	5	9		9	8	7	1	3	2
5	0	0	5		5	2	9	4		4	7	0	9	8
1	7	8		1	3	1	6	5	9		7	7	6	2
1	4	3	4	0	6		1	2	6	1	5	6	6	6
8	9	7	6	4	6		2	9	2	4	2	9	5	8
7	2	4	9	3	2		3	6	6	5	4	4	8	9
3	9	7	3	8	5		1	7	6	6	2	0	3	2

12

1	5	8	9	9	8	7		8	7	2	6	1	4	3
9	5	9	5	4	8	9		9	3	8	7	1	2	1
5	0	0	7	5	9	1		4	5	0	2	2	3	7
4	0	9	0		9	6	6	4	8		3	0	1	1
2	9	3	7	6		7	6	0		3	6	5	1	
			4	0	6	3	2	6	7	4		9	9	3
7	9	6	6	0	0		3	2	9	3	8	7	9	0
5	5	7	3	3	7	3		2	4	5	8	2	1	7
8	2	4	1	7	4	1	4		5	3	0	4	6	1
7	0	7		6	9	7	6	2	1	4	2			
	6	6	2	2		3	2	6		3	2	3	1	6
2	3	8	1		5	2	9	8	6		6	3	9	4
4	8	3	2	3	4	1		2	7	7	6	1	8	1
2	4	8	4	2	4	9		3	3	8	4	0	6	2
8	1	1	8	2	8	0		9	0	0	9	2	3	6

13

2	9	2	6	9	1	6	9		6	6	9	9	6	5
1	5	7	1	0	0	4	4		6	4	6	8	4	4
3	8	6	5	1	3	7	8		4	3	6	4	0	8
9	8	8	5	4	4	4	8		1	2	0	3	0	7
4	0	4	9		2	2	0	1		5	8	2	3	
				2	5	5	3	2	4		7	0	8	6
9	5	4	1	0	8		6	8	2	8	9	9	8	9
7	6	1	8	5	4	5		8	4	5	3	9	0	5
4	6	3	1	3	2	4	1		1	6	5	6	5	3
9	5	9	2		6	6	7	3	3	3				
	3	5	3	5		6	1	4	2		6	6	4	4
2	8	6	9	8	2		1	1	1	4	1	6	7	4
8	8	1	6	5	7		3	7	3	1	9	0	3	6
6	9	0	4	8	8		6	6	8	2	6	4	0	8
4	0	4	6	6	9		8	8	7	0	5	8	3	0

14

6	6	4	6	5			8	1	8	8	3	4	5	1
2	1	7	1	3		5	8	0	2	2	7	5	4	6
9	5	0	0	1		7	3	7	6	7	0	2	3	3
7	5	2	3	5		5	4	0	5	1	1	2	8	7
8	4	5		1	9	1	4	8	5		2	7	7	7
5	2	8	3		7	9	3	9		3	1	9	1	9
9	0	5	3	5	3	8	8		8	9	2	7	0	5
			6	3	7	8		4	9	5	5			
5	2	4	7	4	7		3	5	7	3	8	9	6	6
1	9	9	6	3		6	5	7	2		2	1	5	3
2	0	4	8		5	4	1	8	0	6		2	2	1
6	9	9	4	1	6	6	6	5		8	8	0	3	6
6	3	0	7	0	7	7	3	9		2	2	1	4	2
5	1	5	0	9	8	1	2	6		9	6	7	5	1
1	3	1	5	0	9	3	8			4	1	9	7	6

15

3	3	2	1	8	4			7	2	7	9	1	3	7
9	3	6	8	4	5		4	4	0	4	0	9	2	9
5	9	4	2	8	4		4	9	1	1	2	5	7	1
9	0	4	6	0	9	4	8	5		8	7	7	8	6
9	7	0	0	0		2	6	3	4		5	6	0	5
2	1	7	3		6	0	9	5	3	8	6	4	4	1
8	4	8		5	0	6	2		9	8	0			
	8	3	8	2	4	5	1	3	8	5	8	9	4	
			3	2	0		7	0	3	0		6	4	1
1	7	6	7	7	5	1	6	5	1		1	0	1	2
1	1	5	4		9	5	8	2		1	5	0	9	0
1	4	8	9	1		5	1	1	4	6	3	1	8	2
9	8	9	8	6	4	8	3		8	6	8	8	5	3
8	5	6	8	0	3	5	6		9	5	9	6	4	3
7	5	7	3	0	0	9			2	1	9	4	5	3

16

5	5	2	1	8	1	9	1		6	9	8	5	4	3
6	4	9	5	7	0	9	8		9	4	6	0	1	8
9	3	4	3	0	3	1	1		1	9	8	1	4	6
5	4	5		1	0	0	0	8	2	3	8	1	1	9
3	6	7	5		6	1	6	8	8		4	3	2	4
2	5	6	7	2		8	0	6		4	0	2	7	7
2	0	9	6	5	7		2	0	5	0	6	4	0	5
				4	5	9		7	8	2				
7	6	6	6	9	4	8	5		8	3	8	4	2	3
4	8	8	7	9		1	4	8		9	9	1	1	3
3	9	3	7		4	0	7	7	1		4	5	2	2
4	2	5	5	6	2	1	6	3	2	9		6	6	4
3	8	3	2	1	4		7	0	1	5	1	8	6	2
3	1	7	2	1	6		1	7	3	1	9	5	2	8
8	9	8	6	5	4		5	0	5	6	5	9	8	2

17

2	7	6	6	6	5	1	6			4	4	7	9	8
1	2	3	7	8	7	2	4	1		8	5	4	3	8
1	7	8	5	7	9	0	1	0		7	0	8	4	4
1	1	5	3	8		7	7	1	6			9	0	0
3	0	3	6	1	2			8	3	5	6	0	0	7
9	1	7	5		1	1	7	3	4	6	4	2	4	4
5	5	6		4	9	5	5	2	2	9	3	0	2	
			4	2	9	8	4	7	9	1	0			
	3	1	2	8	3	6	3	8	0	5		5	6	2
6	6	8	3	7	3	6	9	0	3		2	7	5	4
3	8	0	5	6	0	9			5	3	5	6	3	0
5	0	1			4	9	1	3		7	2	9	8	9
6	8	4	7	1		5	9	7	7	6	1	5	9	3
7	7	3	7	1		3	3	5	0	8	6	7	7	3
3	6	6	6	9			7	1	8	6	1	4	2	1

18

6	8	3	3	1		7	1	9	8	5	9	9	3	8
4	5	5	1	4		6	1	2	9	2	4	3	8	0
2	5	7	7	9		3	4	0	1	3	7	9	6	6
4	9	1	4		5	1	7	0		9	0	0	0	5
6	1	1		1	5	3	0	4		2	0	4	3	7
6	2	9	4	7	4	5	7	2		8	2	1	7	
3	4	9	1	2	1	2		4	2	2				
5	5	0	5	1	5				3	4	4	1	1	7
				3	5	1		4	6	3	7	8	8	9
	2	8	3	3		9	1	9	2	3	5	6	2	4
7	0	9	4	1		3	9	6	2	2		9	1	0
9	6	1	3	6		7	8	9	7		3	3	1	5
9	4	5	1	2	5	7	8	5		6	0	4	2	7
9	2	6	0	9	5	2	0	2		5	2	9	4	0
8	0	6	6	0	4	4	8	9		7	4	8	4	0

19

	8	3	7	8	6	1	6	1			4	9	8	7
4	5	8	1	7	6	4	4	2	5		6	0	3	2
1	5	0	9	1	6	9	6	5	0		1	6	6	9
7	8	0	4	7		8	2	6	8	2		1	0	6
9	9	0	1	0	1				4	7	9	3	8	1
1	3	6	2		7	5	4	7	8	5	9	5	5	8
3	1	7		2	9	6	8	8	5	9	0	8	7	
			2	8	3	6	7	9	9	8	0			
	3	1	6	3	4	0	4	4	9	2		5	4	2
3	8	4	7	8	7	2	5	2	9		3	6	7	1
8	1	5	6	4	4				4	1	0	7	1	3
6	3	9		2	6	2	8	4		4	3	5	8	8
4	5	1	6		9	5	0	0	1	0	3	0	0	0
2	6	0	0		6	5	6	3	5	6	2	9	9	3
7	5	8	5			4	0	1	4	6	4	1	8	

20

2	3	9	5	4	8	3	4		6	1	9	7	8	9
6	8	2	7	4	4	5	2		2	3	3	1	1	0
4	9	4	3	2	3	5	9		6	2	9	8	2	2
		1	0	4	3	8	0		4	6	4	7	5	
3	4	0	6	2	8			5	0	4	4			
6	6	6	0	6		9	7	0	8	1	3	4	7	
5	8	0	7		7	2	1	5	8	2	6	3	6	5
6	6	2		3	0	5	3	8	3	0		3	5	2
3	2	5	8	0	3	8	1	2	0		5	1	2	9
	1	5	3	6	6	9	7	7		1	6	4	5	9
			8	1	2	7			3	9	6	1	6	2
	2	4	5	5	2		3	7	6	0	8	6		
5	6	9	8	1	7		3	3	9	5	6	9	4	1
5	6	5	6	5	2		5	4	0	3	1	5	6	0
8	4	1	6	1	1		4	9	1	6	4	5	6	4

21

4	6	7	3	2	2				9	9	4	4	1	1
2	5	7	9	2	3	1		3	0	3	2	9	1	6
6	3	5	1	8	5	4		1	7	3	1	3	4	9
9	8	7		5	2	5	8	4	9	8		9	6	0
2	7	3			5	8	6	1	8		8	2	2	2
7	2	9	3	3		1	8	8		5	3	1	8	4
	4	0	5	1	6	1	1	0	3	7	3	8	2	
			9	5	0	0	2	4	1	4	2			
	9	1	0	8	0	5	2	1	0	4	1	7	4	
4	9	6	2	3		6	4	9		9	8	0	3	1
4	0	2	3		7	2	3	8	6			9	3	1
1	2	4		2	5	6	7	1	4	7		3	8	2
3	0	7	9	1	2	2		7	6	1	3	0	1	0
4	6	0	2	8	1	6		6	5	9	8	1	9	0
3	1	6	2	9	5				4	1	8	8	6	6

22

	6	6	9	3	6				6	2	6	6	1	
1	9	2	2	3	2	8	4		6	0	2	5	3	7
5	2	9	9	3	6	8	0		2	4	9	5	9	1
8	3	5	8		9	6	7	6	2	8	5	8	8	6
5	2	7	5	4		4	5	7	5	6		2	4	1
6	9	0	2	8	1		6	4	2		3	3	5	9
			6	0	3	6	0	4		5	2	0	1	
	3	5	9	1	2	6	3	4	3	4	8	1	3	
	1	3	5	1		5	2	7	4	8	9			
9	9	4	8		4	1	0		9	6	0	1	1	7
7	0	4		5	0	4	1	2		7	8	7	1	0
7	3	5	8	8	3	1	3	2	4		5	2	6	9
1	8	1	5	7	9		7	1	4	2	2	5	3	9
1	1	6	9	6	3		8	6	5	3	3	9	6	7
	7	3	0	6	5				3	8	6	4	6	

23

4	5	1	2	6	3	7		1	8	3	6	5	2	3
2	2	5	8	1	1	9		3	9	6	4	8	2	7
2	0	4	4	3	3	5		5	9	8	6	4	3	1
6	9	9	3		9	9	2	2	1	0	7	6	8	1
2	6	0	8	9		4	3	8	6	5		5	2	9
3	9	1	2	1	1		5	9	9		6	1	0	9
1	5	3	6	1	2	2	7	2		5	4	0	5	2
			2	6	7	8		3	1	2	9			
5	9	1	1	4		7	8	0	0	0	0	2	2	5
6	8	9	7		9	6	6		7	0	6	8	5	7
7	7	4		8	3	4	3	8		6	6	5	6	2
9	3	6	9	5	6	4	4	1	8		9	7	2	0
6	2	7	0	6	0	5		7	3	9	4	9	4	3
8	6	8	0	2	0	4		6	6	2	5	0	2	4
7	6	7	3	5	2	6		4	4	9	2	2	0	7

24

8	8	6	1	3	4	1	9		9	1	2	7	9	8
4	1	8	8	1	0	0	5		1	9	3	1	6	3
4	2	9	1	6	9	2	8		2	7	3	9	0	5
5	1	0	9	2	6		6	4	4	7		1	1	0
2	4	0	3	1		2	9	4	8		2	0	0	2
6	1	3	0		8	3	6	7		8	7	2	7	3
			4	1	5	5	5	1	8	9	5	0	5	1
9	2	5	0	1	6	0		1	3	2	3	5	0	5
5	6	9	5	0	9	0	2	2	1	9	0			
1	4	4	3	7		6	8	5	9		2	5	8	6
1	0	8	2		8	6	9	8		7	4	4	6	9
4	8	4		3	1	6	2		4	3	3	2	8	9
1	9	2	2	3	5		6	7	7	8	3	5	5	1
3	1	6	9	3	3		3	6	3	0	3	2	4	0
7	9	1	7	8	1		6	3	0	5	3	2	4	4

25

7	3	5	6	4		4	9	4	9	1	5	5	7	7
1	4	6	1	3		9	0	3	2	6	1	9	0	5
6	5	6	3	0		7	2	6	1	0	7	2	7	1
7	7	8	0	7	8	4	0	2	0		4	8	3	7
3	5	4	8		3	6	0	7	2	7		1	8	3
5	1	9		7	5	2	0	5		3	7	2	2	6
3	5	3	9	7	0	0	7		8	1	5	1	1	0
			3	3	0	5		2	1	0	3			
3	1	6	0	1	1		6	4	7	7	8	8	4	2
2	0	1	0	9		2	1	2	5	7		1	6	3
7	3	8		2	6	7	1	4	8		6	8	1	4
8	1	3	4		7	3	2	5	6	6	5	5	9	3
6	4	9	9	8	7	7	6	8		4	7	0	0	0
3	1	5	5	2	7	6	3	6		3	8	6	5	4
6	4	2	3	2	4	4	7	0		4	2	1	5	5

26

3	2	9	7	4	8		1	4	8	7	6	6	2	7
9	1	6	2	4	7		8	8	8	1	2	5	0	5
6	2	9	1	6	5		2	7	8	4	1	3	4	3
7	6	9	6	2		3	0	2	3		8	2	5	8
1	2	6	4		6	1	0	2		9	6	6	0	0
4	9	1		6	5	0	7	0	8	3	5			
7	8	8	9	8	8	4	3		3	6	4	1	8	7
6	4	4	6	7	2	4		2	7	8	4	9	0	4
1	7	1	5	9	2		9	0	0	7	6	9	8	4
			9	0	4	4	0	5	9	1		8	9	7
6	1	8	0	4		5	1	8	1		6	9	0	5
7	6	0	1		8	2	0	6		5	0	2	8	3
4	7	4	8	7	8	1	1		1	8	5	3	0	6
6	2	9	0	9	2	1	6		6	4	6	5	9	7
8	2	4	4	5	1	3	2		8	0	8	7	8	6

27

2	6	7	9	6	2	6	3		6	5	3	5	7	6
8	5	6	2	9	4	3	3		5	4	2	2	7	1
5	1	0	8	5	8	1	6		4	9	3	4	5	8
3	4	9	3	2		7	5	4	0	3	8	4	0	9
6	8	3	0		4	1	1	9	3		5	6	1	6
8	0	5	9	6	1		1	2	7	1		1	0	9
			3	5	6	6	6	9		6	9	2	1	3
4	6	7	9	1	9	2		1	1	7	6	7	3	4
8	0	5	6	4		1	8	6	4	0	7			
8	1	1		9	4	0	0		9	5	9	1	4	1
2	4	4	1		1	7	0	3	1		7	9	9	7
8	7	0	2	2	8	2	3	7		7	3	4	0	6
5	0	7	2	9	0		2	5	2	8	3	1	7	5
7	0	0	5	5	4		8	6	0	3	6	3	6	3
5	1	1	8	4	1		7	7	8	7	4	7	9	9

28

8	7	5	2	4	2	3	3		9	5	6	3	5	3
4	1	2	0	9	1	6	9		7	3	4	1	7	5
7	0	0	2	3	0	9	4		2	9	3	9	9	4
4	6	6	4	5	9		3	9	3	4	3	8	3	9
1	7	3	0	5		9	0	3		4	9	1	1	1
9	8	6	2		4	2	1	4	1		7	9	8	2
			7	8	4	6	4	8	9	9		7	3	2
1	4	7	7	5	0	1		7	6	0	4	6	3	5
5	0	4		6	5	1	1	2	6	1	3			
3	5	0	8		2	6	1	7	2		7	9	2	5
2	4	7	0	8		7	8	1		5	9	9	7	3
8	1	2	7	0	3	6	8		3	8	5	6	6	7
7	6	5	5	8	7		6	5	9	1	0	4	0	1
4	4	9	5	6	7		6	0	6	0	1	8	8	4
8	1	6	1	8	1		1	5	4	2	6	3	3	3

29

4	2	4	6	1	5	2		6	5	9	7	8	2	1
5	1	3	5	7	1	5		8	5	4	8	4	8	4
9	7	4	7	2	6	6		4	0	0	2	9	1	6
4	2	2	6	8	6	2		5	3	1	0	4	8	1
1	1	0	8	1		6	1	6	0		5	8	8	8
1	4	0	9		6	8	4	9		6	0	7	4	3
4	2	9	1	3	7	8	1		3	7	5	9	9	5
				6	1	9		9	5	2				
1	7	5	9	1	3		2	9	1	3	8	8	6	5
4	1	7	0	6		2	6	7	5		6	9	6	7
8	5	3	0		1	1	3	0		3	7	5	8	2
4	0	3	7	6	8	0		1	3	1	8	7	3	0
2	0	9	1	4	7	8		6	7	5	5	3	6	0
3	4	3	2	2	1	8		5	5	5	4	0	2	9
7	5	3	7	3	6	6		9	0	0	7	2	1	9

30

7	9	8	5	4	4	3			4	6	2	7	7	6
1	7	7	4	4	9	0		6	4	4	6	7	8	1
6	8	5	8	8	6	2		1	7	0	9	4	4	7
2	9	6	6	3	5	3	9	0	1		7	7	7	5
7	0	9	9	4		8	1	3	6	3		9	0	4
			2	2	5	5	0	3		1	7	1	2	1
1	1	1	1		4	3	1		8	1	8	8	3	8
3	2	4	7	1	5	5		5	2	6	1	4	8	5
5	2	6	2	2	7		4	4	6		9	6	7	7
6	6	0	3	1		4	7	7	5	7	9			
3	2	3		6	2	7	2	7		3	9	3	1	9
4	7	9	6		6	4	8	3	1	7	9	1	4	5
5	8	9	9	3	8	8		4	2	8	0	2	7	9
6	5	3	4	0	3	7		4	9	1	3	1	0	7
5	0	0	3	5	3			8	8	6	4	8	6	6

31

4	6	9	8	6	7		1	5	1	7	4	5	9	6
2	9	2	4	3	9		7	6	9	3	3	4	3	9
7	1	7	2	8	2		5	2	7	5	8	5	2	2
8	6	9	8	9	1	5	1	4	2	4		8	0	2
8	7	9			2	1	9	9			9	9	9	8
7	2	9	3	7		2	9	5	7	6	5	2	4	4
4	9	8	0	0	1		6	2	1	1	4			
9	9	5	7	8	7	2		1	7	4	0	9	7	7
			5	0	0	3	6		8	0	0	9	2	8
9	6	2	5	7	3	7	3	1		2	4	0	1	1
2	6	7	4			7	7	7	4			1	1	2
6	3	2		3	6	7	8	2	8	3	9	2	1	3
3	6	6	2	6	4	6	2		3	2	2	1	6	7
8	4	2	1	8	0	4	3		7	0	2	4	6	4
5	0	3	7	3	9	2	2		8	3	6	9	9	3

32

4	7	6	2	7		3	8	3	8	9	9	9	6	4
9	9	8	0	0		5	6	7	3	0	0	9	4	9
1	4	0	8	8		1	4	0	4	9	9	2	3	2
9	2	0	2	0		4	3	9	7		1	0	8	7
5	4	4	1		7	9	2	9	2		1	0	3	8
7	6	6	7	1	7	3	6	4		1	0	3	7	5
4	4	3		4	9	9	7		6	0	7			
5	5	9	3	4	6	6		7	8	4	7	1	3	5
			8	9	8		3	3	8	5		3	0	9
7	7	4	0	1		1	7	3	6	2	7	4	9	3
4	8	1	5		9	1	1	8	5		8	2	9	0
4	7	8	3		6	0	3	1		3	5	6	2	7
2	3	5	3	5	5	4	1	4		3	0	6	4	3
4	8	0	0	6	2	3	6	7		7	8	7	3	8
8	5	9	5	8	8	5	0	4		4	4	3	3	2

33

6	7	8	1	5	7	9	2		1	5	7	9	4	3
5	3	7	7	9	9	5	0		2	1	3	9	1	4
9	7	8	4	0	4	5	5		6	5	5	5	7	6
3	4	1	8		7	1	5	8	9		2	9	1	1
4	9	7	8	7			7	1	7	9		1	3	5
			7	4	3	5	0	2	2	1		7	1	2
3	4	7	1	8	4	9	3	9		7	4	3	6	6
6	9	5	4	3	5	1		2	9	6	1	1	0	3
6	8	5	6	0		4	5	0	1	0	1	4	4	7
2	0	7		1	6	7	4	9	6	8	8			
4	3	9		5	0	7	1			6	7	7	9	8
1	2	4	6		5	8	2	7	4		2	1	2	7
9	1	3	0	1	0		3	2	6	3	5	3	1	0
8	1	4	0	5	2		6	1	5	5	4	6	0	1
2	0	1	0	7	1		5	5	6	9	3	6	7	5

34

2	2	1	8	4	6	7	6		7	4	8	2	2	3
8	1	4	9	4	9	6	9		6	5	2	9	7	5
7	2	6	6	7	0	5	3		3	3	6	6	7	2
3	1	1	7		5	9	9	7	9	4	4	9	0	7
6	8	0		4	6	6	4	0			6	4	7	6
4	3	3	7	1	7		5	8	5	3		4	1	3
4	8	4	6	6	9		3	3	1	5	2	7	8	3
			4	2	7	5		7	7	2	2			
7	6	4	3	5	2	4	5		2	6	3	3	1	4
4	7	6		9	2	0	0		2	3	1	0	8	7
4	1	7	7			6	8	2	1	9		5	1	0
2	5	6	1	5	4	7	1	0	8		6	5	0	4
7	7	3	0	7	1		7	0	1	1	5	3	9	7
8	6	1	0	9	8		6	9	7	7	7	6	1	8
7	7	8	5	4	9		2	1	7	7	8	7	8	7

35

8	8	1	7	9	2		4	1	1	5	6	5	2	5
8	6	0	5	5	9		2	7	9	5	0	9	3	2
1	1	7	7	5	1		2	7	2	8	2	8	0	8
2	6	6	9	8	5	8	7	0		9	6	7	9	0
2	9	6		8	2	7	7	8	9		5	5	2	4
6	0	2	8		6	0	7	9	0	3				
7	0	8	5	1		9	4	9	0	0	2	5	7	8
6	4	5	7	6	1				1	8	4	2	7	9
7	2	7	8	3	3	3	5	4		6	0	9	8	9
				1	0	2	2	2	4		9	4	6	1
1	6	4	4		5	0	0	9	9	8		4	6	8
8	9	8	6	2		9	9	8	0	2	5	2	6	5
1	0	0	0	9	4	4	3		7	9	8	4	4	7
3	8	5	5	2	6	2	7		5	9	7	7	1	2
9	5	9	6	2	5	0	2		7	9	3	2	6	4

36

5	5	2	1	3	5	1	9		5	1	3	3	3	7
1	8	5	2	9	7	5	3		8	3	3	5	7	9
3	4	0	0	7	8	6	7		3	1	8	9	3	1
7	7	1	0	8		2	3	1	9	4	7	0	1	0
	6	4	6	5		7	2	3	1		7	7	6	9
2	5	2		5	4	3	2	0	5	2	6			
1	0	1	9		2	7	9		4	2	0	9	2	5
8	9	9	8	9	5	8		3	4	5	5	4	4	2
5	8	4	8	7	8		5	2	5		5	0	3	9
			9	7	2	5	9	2	3	6		7	0	9
4	6	5	8		1	9	4	3		3	5	0	9	
7	0	5	3	2	1	2	8	6		3	9	3	7	3
1	4	3	5	3	0		5	2	8	1	7	9	0	3
4	3	6	1	8	6		5	3	4	2	2	6	4	6
5	8	1	3	7	8		2	6	1	2	7	4	0	3

37

4	5	6	2	4		7	3	2	4		1	7	6	5
8	0	9	2	4		2	6	9	4	8	5	5	1	9
1	9	0	3	9		8	0	8	9	0	8	2	8	4
	6	5	7	3	3	1	2		5	1	6	4	6	0
3	6	4	1	1	6			2	5	6	1	4	8	2
3	3	2	7	6	7	2	8	4		2	0	9	5	8
2	0	6	1		6	6	9	8	9	9	3			
5	0	7		3	2	0	9	3	9	1		5	5	7
			8	6	9	3	5	0	3		9	6	1	9
9	3	6	6	7		3	3	7	5	6	1	0	1	3
8	1	2	0	0	1	2			1	9	7	0	4	3
7	3	2	7	0	2		5	4	8	5	7	2	6	
6	7	4	3	1	7	4	2	7		3	1	2	1	4
8	8	7	7	4	2	1	0	8		1	3	7	3	9
8	8	0	5		9	1	9	0		6	4	4	4	8

38

5	9	9	6	1	5	8	9		4	1	9	6	5	4
1	3	5	7	3	1	0	0		8	9	7	9	2	7
9	5	6	5	3	9	4	5		4	6	9	1	7	3
2	6	2	4	9	8	6		6	9	4	5	0	6	3
9	0	0	7	6			5	4	9	0	6	9		
			5	9	6	7	5	6	3	1	5	2	3	6
1	6	2		2	8	6	0	6		9	5	2	7	5
5	9	1	3		2	2	5	4	6		2	2	1	2
4	0	1	1	9		7	3	9	0	6		3	3	7
5	1	6	1	6	9	5	4	6	9	0	4			
		2	6	0	0	1	8			4	3	3	4	5
9	3	4	3	2	2	1		4	1	9	6	3	9	5
1	6	5	2	4	4		4	6	2	3	7	7	2	4
9	3	7	3	7	1		7	3	8	8	0	5	0	3
2	2	9	2	9	3		8	2	1	8	4	4	6	4

39

7	3	5	9	1	6	4		8	3	8	4	4	1	4
6	6	3	9	0	7	0		1	6	3	5	6	6	4
3	5	9	1	3	8	6		3	1	2	0	8	4	1
7	1	2	4	3	8		9	9	8	5	2	8	8	
3	1	2	2	7		9	8	0	0		4	2	1	5
			4	6	7	4	6			6	9	9	6	1
3	3	7	6	6	2	0	2	1	8	3		6	5	5
8	7	3		6	1	1	4	2	4	4		1	9	4
5	1	1		1	0	7	2	8	2	0	2	5	7	0
5	6	1	5	6			1	0	6	7	5			
4	1	0	8		1	6	3	4		1	4	9	8	1
	5	1	6	7	1	6	7		7	1	1	3	6	3
2	9	1	1	1	8	5		7	5	3	1	0	7	3
8	9	7	0	3	6	1		9	0	2	9	0	9	9
6	1	1	3	4	0	1		2	3	1	4	3	7	9

40

3	7	4	3	5	7	8	3	7		2	4	5	6	8
7	0	2	1	8	6	0	1	6		4	8	2	8	9
5	1	9	5	7	9	5	5	3		1	1	6	4	9
9	0	7		7	7	2	1	9		2	8	3	6	5
			8	8	8	5		2	7	4	9	6	1	8
3	3	5	1	1	9		6	2	0	2	1	7		
1	0	5	9	3		9	3	2	6	8	2	4	8	3
7	3	1	7		4	4	0	8	8		9	6	0	5
2	1	3	4	5	2	7	8	5		7	3	7	5	3
		7	0	9	6	6	1		7	0	4	5	7	4
3	5	3	2	1	6	0		6	6	8	4			
6	6	3	0	6		1	6	8	6	7		2	6	1
8	1	0	8	7		9	1	5	3	5	8	5	9	5
9	6	3	8	5		3	3	4	9	8	7	8	8	9
3	7	9	9	5		6	7	1	6	2	4	3	3	2

41

1	8	3	8	5	3	9	2		9	2	1	2	1	4
4	6	5	9	3	4	1	2		3	1	7	0	0	4
6	8	6	2	5	5	8	8		3	7	6	0	3	3
1	3	7	0	8	9	6	7	1	4	0		9	0	6
				4	3	6		1	6	4	4	9	3	2
6	8	4	7	7	2		4	4	5	0	9	5		
3	6	8	0	8		3	6	8	7	9	7	7	7	9
8	9	0	9		1	8	3	5	0		4	6	4	7
8	2	9	0	7	4	7	3	1		5	6	7	6	0
		6	6	4	3	2	6		7	1	1	0	6	0
5	6	2	1	4	7	1		3	9	4				
3	0	6		5	7	6	3	1	0	7	4	9	6	3
2	1	3	5	2	7		1	9	7	3	4	9	0	8
8	2	2	0	7	4		8	6	8	8	7	2	4	6
9	5	3	3	4	9		2	0	2	5	3	4	6	9

42

7	2	9	4	4	7	9	6	5	4	1		6	4	4
3	8	0	3	8	1	4	8	1	5	3		1	1	8
1	3	2	4	2	9	7	0	9	7	5		4	9	0
1	9	0	9		2	1	1	6	9	5	7	3	9	2
3	4	8	2	8	9	0			7	0	8	4	0	6
			4	1	7		4	3	1	8	3	0	2	6
	7	1	7	7		1	6	0	5		9	9	9	7
6	1	0		3	4	3	9	6	3	7		1	6	4
7	2	0	5		2	1	7	1		9	5	6	0	
6	7	1	7	3	2	0	4		7	9	7			
8	4	0	4	7	5			8	9	0	9	8	3	9
5	5	2	6	7	7	7	8	0	4		8	3	8	9
3	9	7		9	7	0	0	5	7	2	9	8	3	7
1	8	5		9	4	0	3	8	1	1	3	8	1	7
8	6	2		9	5	1	4	6	8	0	0	8	7	2

43

1	9	4	3	6	6	2		6	2	8	9	6	4	1
2	3	1	2	8	9	3		6	8	4	5	8	5	6
2	9	6	1	7	5	1		6	6	9	4	9	5	2
8	7	1	7	2	8		7	0	0	4	6	8	6	5
		2	7	2		6	8	3	1	1	8	2	4	5
8	1	6	5	5	4	6	1		4	4	0			
9	1	4			5	1	6		7	9	7	2	8	9
5	4	8	7	3	4	0		7	3	7	1	5	2	2
5	7	5	0	3	1		6	2	1			5	3	4
			2	1	6		3	0	7	5	9	7	8	9
7	2	8	5	6	2	2	1	9		6	7	9		
4	9	5	3	4	5	2	8		1	9	3	3	2	2
5	5	5	5	1	4	0		9	8	0	9	4	1	5
3	8	1	8	3	5	8		1	5	4	9	4	1	9
7	5	4	7	5	6	4		9	4	2	1	7	3	2

44

2	2	7	5	2	1	4		4	3	6	9	4	9	7
8	1	6	4	2	9	7		2	2	6	0	8	9	1
1	7	2	2	0	6	2		2	6	0	5	5	6	4
4	0	2	6		9	6	1	6	0		3	6	3	4
4	2	5			5	2	1	1	0			7	4	1
1	0	3	6	3	7		1	5	8	9	2	7	7	3
3	9	9	5	3	5	6	5	9		1	7	9	9	3
			7	0	9	4		1	6	2	7			
4	9	9	2	3		1	3	9	0	4	9	3	7	1
2	9	9	3	2	9	2	7		4	0	2	9	4	2
9	0	8			1	4	7	1	1			8	2	4
5	0	0	7		1	4	5	5	8		2	9	2	9
4	5	0	4	8	7	3		5	5	8	5	5	3	8
7	3	2	7	6	1	4		1	6	1	9	2	3	6
7	2	2	7	1	5	8		9	9	7	3	8	7	8

45

5	9	3	3	8	3		5	7	5	1	1	3	7	5
5	0	8	4	3	6		9	6	4	0	0	7	5	0
5	2	0	1	3	6		8	4	7	0	5	2	5	7
3	0	1	4	1	0		7	6	1	8		9	3	0
9	0	0	2	7	8		3	2	1		5	3	9	3
7	5	1	6	3	0	4	8	1		8	5	0	4	1
					7	7	1		4	9	3	7	5	0
2	3	8	8	4	3	0		6	6	2	1	3	5	5
1	9	6	2	7	7		4	0	9					
1	2	8	9	3		3	5	8	0	3	4	3	5	5
2	8	0	7		6	5	9		5	2	1	2	1	6
9	2	4		4	6	6	8		2	5	2	9	1	0
1	9	9	3	9	4	0	2		2	8	3	7	6	2
5	4	4	0	6	7	8	8		3	0	0	7	1	0
5	5	7	2	4	9	1	5		4	5	2	3	7	6

46

4	4	9	8	8	2	2	3	6		2	6	1	4	9
3	1	6	6	3	9	9	4	4		9	0	6	5	8
4	5	5	8	0	7	4	0	9		2	0	9	1	0
9	3	6		3	7	8	9	8	1	7	9	3	2	4
2	3	1	5		1	9	4	0	2		6	8	4	3
7	7	8	1	7			6	1	1	4		5	4	4
8	8	1	9	4	8		3	2	2	7	9	6	8	
			3	1	9	1		7	3	5	9			
	3	7	5	9	2	9	6		9	2	0	1	2	2
5	4	7		7	6	5	2			4	0	6	6	0
1	2	7	6		6	7	8	2	4		1	0	2	9
9	6	6	2	5	0	9	7	9	8	7		5	7	4
8	8	0	1	2		6	7	5	6	4	1	4	1	4
5	4	6	3	3		2	4	8	9	4	0	5	6	2
5	0	0	6	7		4	9	2	3	7	0	5	3	9

47

9	3	1	2	1	3	9	1	1	6		4	1	1	9
4	3	3	2	5	4	1	8	1	8		3	9	7	3
2	0	0	2	0	2	6	2	2	6		6	0	5	9
1	1	3		5	1	0	8	2	4		2	3	9	0
2	7	7	5		3	1	5	0		3	1	5	5	1
7	0	4	6	1		8	3	4		6	3	2	6	3
6	2	9	5	8	5		2	7	9	8	6	5	1	
			3	3	5	5		3	2	8	3			
	5	3	2	9	1	3	7		1	3	6	3	1	7
2	4	7	9	6		4	9	5		7	1	6	6	1
1	0	8	4	2		5	3	8	2		5	0	0	6
5	6	1	4		4	1	8	7	8	8		1	0	1
1	4	7	3		1	0	3	9	0	1	5	9	7	7
9	4	2	5		5	7	7	4	5	2	4	8	1	5
2	9	6	7		4	2	1	8	5	0	8	1	0	3

48

2	1	7	7	9	1	8	9		6	2	5	2	2	1
1	7	2	7	7	0	8	9		1	7	4	9	1	0
1	1	3	2	3	3	8	9		8	0	2	1	4	3
7	4	8	2	1	7	0	7		3	7	4	7	5	7
7	5	8	0		2	4	7	1	5	1	5			
7	2	8		3	4	3	9	3	3		9	2	2	8
		4	4	8		7	1	8	3	2	1	9	8	1
5	9	8	0	5	4				9	0	1	6	3	3
3	8	5	3	6	8	1	1	1		3	7	7		
7	6	4	2		2	2	1	0	5	8		4	4	4
			1	6	3	0	1	4	4		5	3	7	8
3	8	5	4	7	4		2	2	8	2	0	6	3	9
5	4	0	5	1	6		5	0	8	4	4	1	2	5
7	3	0	2	4	2		7	2	1	1	1	0	6	1
3	9	8	4	0	0		6	3	1	5	8	3	0	0

49

5	2	7	3	5	7	9		3	3	9	3	9	9	8
8	9	1	2	8	5	9		8	9	4	5	4	3	2
1	6	5	4	7	3	4		5	9	0	2	2	4	6
5	7	3	5	2	4	1		8	8	2	0	7	0	1
9	8	0	2		3	4	1	2	4		2	2	1	1
3	8	3	1	3		6	2	8		5	8	9	4	5
				2	7	5	2		7	3	6	9	8	2
2	9	9	6	6	5				8	4	3	3	6	5
4	1	7	8	0	5		7	4	3	9				
9	3	8	9	0		2	2	7		7	5	4	5	2
8	7	8	3		6	0	1	4	1		5	4	6	1
6	3	6	4	9	8	2		5	4	5	1	7	9	5
7	4	9	1	0	7	5		6	4	0	4	8	3	0
9	6	2	7	7	0	8		4	9	5	6	8	7	2
6	4	0	2	3	5	3		9	3	0	0	0	5	0

50

7	1	4	2	3	4	2	8			4	3	5	9	9
7	2	2	1	7	6	0	1		3	5	9	0	1	6
5	8	8	9	9	8	3	4		8	3	4	0	7	2
4	4	6	3		3	5	5	2	8	0	6	4	5	0
8	8	6	2	2		3	3	0	7		3	7	4	0
8	5	2		7	9	1	7	8	3		5	4	0	5
			9	9	6	6	8	7		2	0	8	1	6
8	8	3	0	3	2				2	7	5	4	5	8
5	4	2	0	7		9	1	1	4	1	5			
9	7	3	0		2	3	4	9	5	1		6	4	5
6	9	6	1		1	1	5	7		7	7	3	6	4
8	4	2	0	4	2	7	8	1	8		4	8	7	1
6	9	3	8	1	4		9	7	8	2	2	7	7	9
4	3	8	5	5	2		5	0	9	1	5	3	8	4
8	8	7	8	5			6	5	7	4	4	4	0	0

51

8	3	1	8	8	3	1			9	1	1	1	1	2
6	7	6	1	8	2	0	6		5	4	9	0	0	2
9	0	5	3	3	8	9	3		3	4	2	5	1	3
2	8	3	2	8		8	1	4		8	0	4	7	8
8	6	7	8		9	1	2	6	4		9	2	0	6
8	9	9		7	5	7	1	5	2	7		7	2	7
			2	2	4	2	9	3	2	4	8	3	8	5
	3	5	2	4	2	0		9	2	5	3	9	4	
5	0	6	6	7	5	7	8	1	7	9	0			
5	2	6		4	1	2	5	1	4	3		2	2	4
6	3	3	6		2	0	0	1	0		8	2	3	1
4	2	9	2	5		4	8	8		6	0	1	2	9
3	0	1	5	3	2		5	7	9	1	6	7	2	1
6	9	9	0	9	2		5	3	1	6	2	0	4	5
6	3	8	6	9	3			2	1	2	0	2	6	9

52

5	7	5	2		1	6	2	8	6		4	7	7	9
3	8	0	1	7	8	4	1	4	5		3	6	9	9
6	4	5	9	4	7	8	3	8	5		2	2	6	1
6	3	9	9	0	0		3	6	7		7	4	3	3
8	9	3	3	5		7	2	9	1	1	1	4	8	9
7	6	2	6		9	1	3	2	6	9	1	1	7	0
6	9	9		3	1	2	7		1	4	5	1	0	
			2	3	4	3		9	7	0	1			
	6	8	2	9	8		3	1	0	0		9	5	5
2	3	9	2	0	3	4	3	9	8		9	7	6	1
5	7	3	3	5	2	0	1	7		7	0	2	9	3
1	5	4	2		4	8	6		2	8	7	0	5	4
4	1	9	3		2	4	3	1	1	0	6	1	7	3
5	7	0	3		1	3	8	2	3	6	5	1	8	1
7	0	4	4		9	0	8	3	2		8	9	5	2

53

5	6	7	8	2	1		2	4	7	2	8	5	5	5
2	2	9	4	5	7		3	9	6	6	6	9	3	9
8	3	9	8	7	6		7	5	2	4	6	2	9	6
1	6	5	3	3	8		8	1	4	0		9	6	9
9	0	5	7	1		3	4	1			8	3	0	6
1	5	2	9		3	4	1	1	3	1	6	0	1	2
6	0	0	0	2	5	9	3		3	7	1			
	9	1	5	9	0	8		3	7	6	0	2	9	
			7	9	9		8	8	0	0	3	1	5	7
5	8	5	4	3	6	3	3	9	1		1	2	2	0
4	1	5	1			5	4	3		3	3	8	0	5
4	7	4		7	2	0	8		5	3	4	3	2	4
1	4	1	1	6	8	4	6		8	0	8	0	3	6
9	7	9	7	1	9	7	1		4	1	0	0	4	2
8	9	4	3	1	7	9	7		3	2	8	2	8	6

54

4	6	1	8	1	3	5	1		3	7	2	8	3	7
7	4	2	5	8	6	3	3		5	1	5	8	1	6
2	3	3	8	9	3	6	7		1	8	5	9	9	8
8	1	2		6	1	2	4	3	8	1		2	8	4
1	6	6	7		2	0	8	7	7		3	4	0	1
8	1	1	0	1		1	9	2	0	5	6	4	7	7
2	5	6	5	6		8	3	2	7	2	4	4	3	
			9	4	7				8	0	7			
	9	3	8	0	7	7	9	5		9	7	1	5	9
9	4	0	5	9	2	5	1	2		6	2	5	8	4
3	0	1	8		7	8	0	9	3		6	8	4	5
3	0	3		4	8	9	0	5	3	7		5	8	1
1	0	7	9	2	9		3	5	0	9	6	7	2	3
1	2	9	4	0	7		1	7	7	5	7	0	3	1
2	8	3	3	2	4		5	1	3	2	8	4	6	6

55

8	7	9	2	6	7		2	9	2	4	9	8	9	
2	9	9	3	8	3		3	6	5	5	1	5	8	
1	5	1	3	3	8		3	6	3	2	2	5	0	5
6	0	1	7	9	7	3	4	0	6	6		5	1	3
4	8	4	9		7	3	8	7	9		9	2	2	3
8	4	9		4	9	7	0	9		3	1	0	1	4
			3	8	6	1	8		6	8	8	6	9	6
5	7	5	3	1	2	3		5	9	4	3	1	5	2
9	4	7	3	0	3		2	2	3	0	4			
8	7	3	4	7		2	6	1	3	2		5	1	8
4	5	9	4		3	6	8	4	2		3	3	5	8
7	7	8		8	3	5	4	1	4	4	1	2	8	4
9	7	2	4	5	5	6	6		9	5	6	6	2	6
	5	9	0	0	5	8	2		2	2	9	6	4	8
	8	9	0	7	9	5	1		8	3	6	3	3	6

56

4	2	3	9	9	4	7		9	4	7	9	8	4	7
3	2	5	5	1	0	6		9	6	8	3	2	8	4
8	6	9	9	3	9	4		3	2	8	8	3	5	9
5	0	1	5		8	6	4	4	1	7		7	1	1
9	1	8				5	4	1	0		1	6	7	8
6	7	6	7	2	2	2	5	9		4	8	2	9	3
			2	0	0	1	8	8	5	8	0	2	0	5
1	7	9	0	8	9				4	3	0	2	6	6
5	4	2	5	2	7	5	4	2	6	8	6			
4	7	5	3	4		4	4	5	7	5	0	7	2	8
2	7	1	8		7	0	3	5				1	3	6
2	9	2		6	3	6	4	0	9		1	8	4	6
7	7	3	5	9	7	7		9	0	1	0	3	0	3
7	3	1	8	2	7	8		9	0	8	0	2	3	5
4	1	7	7	3	7	0		1	0	2	7	3	3	0

57

9	4	4	1	1		7	9	9	8	9	9	8	1	6
1	9	0	6	6		5	1	3	4	1	3	9	1	6
1	8	2	0	9		8	1	2	7	5	9	4	8	9
1	3	8	6	1		8	0	2	2			5	2	3
6	0	7	0		9	1	0	0		6	5	2	4	3
6	8	1		1	5	1	5	3	1	5	5			
5	6	4	9	3	0	8		4	2	3	4	8	6	4
8	6	8	1	0	2				5	3	7	6	1	2
8	6	1	5	0	1	8		4	4	3	0	8	5	6
			1	6	6	7	2	4	6	9		3	2	9
4	8	4	1	3		9	0	0	7		6	5	4	4
7	5	3			8	5	0	6		8	6	2	4	7
5	8	0	3	6	2	8	9	5		6	7	4	1	0
3	0	8	3	6	9	6	0	0		4	6	5	5	4
8	0	6	1	9	6	3	0	2		1	7	2	4	9

58

5	3	8	7	3	3	5	5	4		1	3	9	9	9
6	5	6	1	0	1	1	9	5		3	5	5	0	5
6	1	0	0	6	4	0	8	1		6	8	8	1	6
6	1	6	8	9		3	3	2	5	5	3	6	1	9
4	1	6			9	0	6	3	5	9		7	8	4
			8	7	0	3	8	5	9		8	5	6	7
	6	8	5	6	0	8	5			5	5	4	2	3
3	9	5	2	9	2	0		1	9	3	5	6	0	4
6	3	9	8	1			2	1	7	7	7	5	5	
6	8	3	2		6	4	4	0	4	7	5			
4	1	4		9	6	8	1	4	5			5	4	9
3	2	2	3	5	5	9	8	4		1	4	4	5	4
2	8	7	6	0		2	1	6	2	7	4	2	0	4
2	4	3	7	0		5	7	6	0	3	1	1	2	0
9	3	3	0	5		5	5	5	4	0	8	7	6	1

59

3	1	9	8	2	4	7	9	9		1	1	3	5	5
1	4	4	3	7	4	0	1	4		3	3	5	5	6
9	0	9	7	7	1	2	7	9		2	8	0	5	9
7	2	1	0	2	3	3			9	2	4	0	1	5
				9	6	0	1	5	9	3	1			
1	8	3	1	4	5		5	7	7	7	3	2	9	5
4	8	5	6	7		2	0	2	5	6	7	4	8	1
7	5	9	1		4	1	6	6	0		4	8	4	6
9	4	7	5	9	9	6	9	2		1	3	0	5	7
5	7	7	0	5	7	3	5		1	1	7	0	0	1
			5	8	5	6	8	7	1	5				
5	7	3	4	0	0			6	0	5	7	4	6	7
2	1	7	7	0		3	4	0	3	4	9	6	6	1
7	9	8	8	3		5	5	2	0	2	3	3	4	2
9	9	9	4	6		8	8	2	9	2	7	0	2	6

60

3	1	4	3	5	9	7	8	8	5		7	8	2	4
7	8	1	1	3	7	6	2	1	0		2	4	2	4
1	5	6	1	8	4	6	1	3	7		4	7	9	0
8	1	0	3					1	0	8	8	8	2	3
			7	9	9	9		6	3	5		4	8	5
4	9	3	1	2	4	1	2	3		2	3	3	5	9
5	9	5	1	0	0	5	5	0		9	7	4	7	9
5	8	9	6		3	5	5	8	4		2	6	5	5
4	1	0	2	8		8	5	8	6	8	1	4	8	8
3	8	3	5	9		5	2	0	7	5	6	5	7	3
4	2	6		9	8	2		1	8	7	6			
8	2	7	3	1	2	2					2	1	4	4
3	6	0	6		3	6	5	3	6	2	5	3	3	1
4	9	1	6		7	5	8	6	9	3	3	8	8	4
3	8	3	3		2	5	5	0	8	4	4	7	0	1

61

7	9	5	6	9	7	1		1	3	5	6	7	4	4
9	6	4	2	1	6	7		5	7	0	6	3	5	2
9	0	6	3	2	1	7		2	5	2	5	7	6	8
8	8	8		7	2	9		4	7	1	0	6	5	7
			3	5	0	6	1		9	7	2	0	8	8
4	2	4	1	7	2	9	9	9	4	6				
7	1	7	4	1	9	5	7	0	6		2	3	8	6
9	0	0	0	2		2	7	4		2	2	0	0	8
7	6	6	9		4	5	5	7	9	0	9	1	3	2
				6	3	7	0	8	5	8	5	7	5	3
6	6	5	9	9	6		6	6	0	1	3			
9	6	1	6	5	4	8		4	5	1		5	2	4
2	4	7	4	8	3	7		2	8	1	9	2	4	8
3	4	0	1	0	5	7		3	7	4	2	6	5	5
7	3	0	5	7	9	5		5	5	9	3	1	3	3

62

8	4	8	7	5	8	7			4	6	1	8	1	5
6	3	3	0	0	5	8		1	5	7	1	2	2	4
4	5	4	4	2	5	9		6	7	9	6	6	7	5
3	1	4	8	2		1	5	6	9	0		3	2	7
8	1	7	5			3	0	1	0		3	3	3	4
7	3	8	3	6		2	5	7		5	1	3	6	6
1	9	9	7	6	7		4	6	3	6	6	8	6	1
			1	7	7	1	1	0	2	7	1			
5	7	9	5	7	0	3	8		5	2	3	5	4	7
3	2	3	4	6		8	1	9		5	5	4	5	2
2	8	1	2		3	4	9	3			3	0	5	6
1	2	1		1	4	9	5	8		4	6	1	0	7
3	0	0	6	0	3	7		1	8	7	3	2	6	7
9	6	9	1	6	0	7		1	1	2	2	0	4	0
5	3	1	6	0	2			1	6	9	6	4	8	3

63

3	3	5	1	8	6	2	3		8	5	5	7	7	6
4	7	6	1	5	2	8	8		6	8	3	4	3	9
6	4	3	5	4	8	9	3		7	5	6	9	1	4
		2	0	7	0				2	8	1	2	0	6
4	3	6	8	3	0	2	9	2	7	2	5			
8	3	4	2	7		6	4	6		6	8	4	9	5
5	5	7	2		8	0	2	3	7	0	9	5	9	8
9	2	7		8	4	0	9	9	0	5		1	7	1
7	4	5	9	7	2	9	5	7	2		4	6	0	5
8	0	9	6	6		2	7	7		9	6	7	3	8
			9	9	1	0	9	6	2	3	1	8	9	1
1	7	1	0	6	8				9	7	2	5		
2	2	6	0	4	5		7	5	4	0	1	2	3	9
5	0	1	0	4	7		9	0	4	0	0	5	9	9
8	6	2	3	2	7		1	0	4	1	3	7	5	5

64

5	9	9	1	7	1	2	2	2		4	5	4	7	5
7	2	7	3	7	6	5	6	0		2	7	9	5	7
5	8	8	1	9	9	7	8	7		7	9	5	3	7
6	9	2		9	3	0	0	0		7	4	6	4	9
6	0	2	4				4	2	8		7	7	9	0
2	0	7	6	5	7	4		1	2	6	7	7	4	5
7	7	7	0	2	2	7		4	1	5	2	5	9	6
				3	5	3		5	5	0				
6	4	1	2	1	8	9		4	9	3	4	4	6	3
7	4	3	2	5	7	3		1	6	9	4	8	1	1
9	0	1	2		4	5	2				9	7	9	6
6	7	2	2	2		5	1	9	7	6		7	9	4
4	4	7	8	7		1	0	2	6	4	8	6	4	9
5	1	5	3	0		5	9	2	4	3	1	0	5	9
5	4	9	9	2		3	6	4	5	9	8	5	1	9

65

6	1	1	5	1	8	9	1	6		2	2	2	4	6
1	9	2	0	8	0	9	7	9		7	4	0	6	9
5	5	1	2	1	3	0	1	7		4	0	4	4	8
5	6	0	1		8	7	0	7	7	7	3	6	8	5
2	5	3		1	6	7	6	4	1	5		2	1	9
	8	7	5	9		3	0	7	3		8	9	9	8
			7	9	5	6		2	7	8	7	9	3	2
	2	1	6	6	4				5	7	1	8	9	
3	9	4	0	9	8	5		7	1	3	0			
2	8	5	0		2	4	9	1		6	3	5	8	
6	7	5		5	5	6	2	2	5	2		1	2	9
1	3	6	9	5	0	9	1	5	5		1	8	9	8
4	9	2	8	3		4	0	1	5	3	7	0	6	7
7	6	1	2	5		7	7	3	9	1	4	8	4	6
9	3	2	1	1		5	8	7	0	2	1	6	2	9

66

9	1	9	8	5	7			1	9	3	1	3	1	6
7	1	3	6	0	4	8		8	4	7	7	7	8	3
7	8	3	8	2	1	4		4	1	1	5	8	7	0
9	0	8	6	5	1	6	3	7	2	4				
1	8	0	7		6	7	9	3	4	8	1	5	7	9
6	2	0		2	5	1	9	3		7	4	1	5	3
			7	9	0	2	3		4	5	5	0	9	7
5	7	3	8	7	8	4		6	9	4	4	8	2	1
7	3	1	3	8	5		5	5	0	0	4			
6	3	3	4	4		4	3	8	8	4		2	9	3
9	1	1	6	2	9	7	0	2	6		2	7	5	8
				3	6	4	7	7	8	8	9	4	2	7
9	6	3	8	6	7	3		6	4	4	9	9	5	1
2	7	5	2	8	8	0		7	8	2	7	8	8	6
5	3	6	6	1	8	8			4	0	4	6	8	3

67

2	5	9	9	9		4	3	6	1		5	6	3	9
6	0	2	1	1		1	2	0	7	2	9	7	8	6
3	3	9	4	9		4	9	3	7	2	4	3	6	3
5	7	0	5	5	8	3	5		8	8	9	2	7	2
			4	6	0	1	0	1	4		9	4	5	4
9	1	1	0	0	5	3	4	6	4	8		8	7	7
7	0	5	2	2	9	6		6	0	3	2	8		
2	8	6	2	7						8	0	3	2	7
		5	7	8	9	4		8	1	1	5	9	8	1
1	5	1		5	9	3	9	2	5	9	2	0	2	8
2	6	6	3		4	2	6	3	7	8	2			
4	4	9	1	7	0		9	6	8	3	5	1	7	7
3	2	7	2	1	0	8	7	9		8	9	6	7	8
9	0	1	3	5	5	2	8	8		1	0	2	3	3
2	2	6	5		2	8	2	4		3	9	9	4	0

68

4	3	8	5	7	8	6	1			1	1	3	6	1
7	4	2	3	2	0	9	7		9	0	3	6	0	4
8	4	0	6	6	8	9	2		3	2	0	4	8	6
8	6	0	0		8	5	5	2	1	8	5	3	7	4
			5	5	3	0	1	1	4	0	7	6		
1	6	5	4	5			4	3	7		3	5	8	5
7	4	8		5	6	7		6	8	5	2	3	7	5
1	8	6	9	4	5	0		3	1	5	0	4	9	2
2	4	6	6	7	8	1		3	5	5		8	0	3
4	0	1	1		5	0	6			8	9	6	8	4
		3	5	3	9	4	9	7	2	6	6			
6	2	3	1	7	1	3	9	0	7		5	3	4	2
5	7	9	5	9	1		4	3	2	6	6	1	0	7
4	6	3	5	9	4		8	9	0	6	8	6	6	4
6	4	0	0	0			7	1	1	8	1	4	3	2

69

6	7	9	7		2	5	1	5		8	1	8	3	1
8	1	8	3	4	5	6	0	6		9	0	3	0	2
8	0	0	9	7	8	3	7	6		9	3	1	0	8
3	6	6		6	3	6	9		2	0	4	0	3	5
		5	9	5	4	0	4	6	1	0	9	4	0	6
6	5	2	5	0		8	0	2	6	4	2			
6	2	0	0				3	5	0	4	3	7	6	2
4	7	0	8	4	6	5		6	2	4	2	2	5	6
5	2	8	4	0	6	0	6				1	9	8	9
			4	2	1	8	0	2		7	9	5	1	4
1	6	5	9	5	3	7	1	8	7	4	1	7		
2	6	7	7	8	5		7	6	5	6		5	2	7
8	5	4	1	6		2	4	5	2	2	6	3	1	6
6	1	3	1	6		8	3	7	0	5	4	9	5	6
2	6	4	4	3		7	4	7	0		7	8	8	4

70

9	8	1	1	1	4	8				3	7	4	1	
6	4	3	1	0	7	1	8		4	7	9	6	0	4
2	4	8	4	0	6	9	8		9	3	9	0	9	1
7	0	0		2	2	8	4	2	6		3	0	2	1
1	7	5	5		2	5	7	8	5	9		3	6	4
2	1	4	8	1		1	9	5	7	7	9	3	6	4
			5	3	4	8	2		2	0	0	2	2	9
2	4	9	3	3	6	4		8	6	0	9	4	3	3
6	6	9	1	0	1		3	6	0	8	9			
3	5	8	8	6	3	9	3	0		2	1	4	8	7
6	9	7		8	6	2	8	8	5		2	4	3	0
9	8	2	2		1	6	8	3	6	9		5	4	0
8	2	8	1	2	7		5	9	7	3	8	7	7	6
3	9	6	5	5	7		5	1	9	3	3	3	5	7
	1	2	6	9				6	0	0	2	1	5	4

71

8	3	7	7	6	7	1		8	3	7	9	4	3	6
4	9	9	9	7	6	5		3	8	2	8	9	9	5
8	9	2	1	1	7	1		5	1	8	8	3	2	7
6	4	3	6	8		1	3	7		1	5	4	7	8
6	8	5	1		9	3	4	5		5	1	4	0	3
5	8	3	9		8	5	0	5		9	3	1	9	9
5	6	1		9	8	6	0	3	1	9	9			
	2	7	8	0	2				1	2	3	6	7	
			2	4	7	3	4	3	2	8		3	9	3
4	5	7	6	0		6	4	6	1		2	7	1	2
9	9	0	5	4		9	5	6	1		3	2	6	5
8	2	5	3	2		7	5	2		3	6	0	2	1
9	3	6	3	6	7	8		5	7	2	5	5	6	1
8	9	7	6	5	1	7		8	8	3	7	9	4	4
6	4	3	2	7	3	2		1	8	5	9	0	1	7

72

7	4	4	2	9	4	5	9	7	8		4	3	8	6
8	1	4	2	7	4	2	2	5	1		1	4	5	4
6	6	4	5	0	5	2	8	1	8		1	3	7	0
	5	3	6	2	5				8	2	6	7	4	3
9	2	6	6		7	4	9	4	7	4	3	9	7	2
3	2	2	2		5	1	5	4		9	3	6	7	0
2	1	5	5		2	7	1	0		4	8	5	5	8
				7	3	6	0	6	9	1				
9	1	8	1	0		2	3	8	0		3	2	6	3
3	2	5	4	0		2	4	0	6		9	0	6	0
7	8	6	8	7	6	1	2	9	3		7	4	8	0
3	8	7	2	9	7				4	2	5	6	3	
1	7	7	4		1	5	5	6	8	6	9	8	4	3
6	7	7	4		9	9	5	8	5	2	8	6	2	1
5	5	8	3		7	5	3	7	5	3	0	6	2	1

73

4	5	1	8		1	2	6	7	2	6	3	6	7	4
1	0	7	3		1	3	2	2	4	4	5	8	2	4
4	5	5	6		7	4	6	3	2	3	6	5	0	9
4	4	1	0	5	4	6					5	5	8	1
	8	8	4	6			2	1	6	9	0	1	8	
5	5	2	6	3	3	8	7	2	8	8	6			
1	9	0	2	2	9	4	2	2	6	9		2	7	5
9	1	5	0		2	2	3	6	4		5	3	1	3
3	1	6		4	2	4	7	0	1	7	9	6	7	8
			7	3	1	0	2	2	4	1	5	1	1	9
	3	4	2	3	6	3	5			4	3	5	1	
4	7	8	9					7	6	0	7	2	5	7
2	9	6	0	1	1	1	4	3	4		6	0	6	0
7	8	6	5	6	5	5	2	2	8		8	3	3	3
6	2	0	0	9	6	9	3	6	9		8	5	4	1

74

5	4	7	6		2	6	7				7	6	3	6
8	9	7	2	3	9	6	8		5	9	4	4	6	3
6	1	6	1	0	7	4	7		2	0	2	5	9	5
4	5	3	3	5	5	8		3	4	3	5	8	2	9
9	8	0	6	2			6	2	2	7	8	0	6	
			9	4	6	7	8	8		5	8	6	5	8
9	6	2	9	6	8	8	1	8	8		2	7	1	4
3	3	8		8	9	8	4	5	7	8		9	3	3
5	8	6	7		1	7	4	6	3	7	1	1	2	8
1	2	0	3	6		9	2	0	8	4	9			
	3	9	7	0	2	8	7			1	4	7	8	6
8	4	4	3	3	9	8		5	6	4	6	1	3	5
1	0	7	2	1	7		8	6	8	4	4	3	8	6
1	4	2	2	7	2		7	7	7	2	9	6	6	8
8	9	0	6				1	5	5		5	9	2	4

75

8	9	7	6	7	8	8	6		2	4	5	8	9	8
3	3	4	2	1	9	9	9		7	3	7	3	8	4
1	8	9	4	7	6	7	5		7	9	3	4	4	1
6	1	4	2	0	3	6	4		2	3	8	1	6	2
4	2	7				8	5	9				6	6	3
9	9	9	1		5	2	0	3	7	5	4	2	0	2
9	4	1	2	1	9	7		4	5	7	2	3	1	4
			7	4	5				5	3	5			
4	9	2	7	6	4	3		1	5	6	1	6	1	2
4	6	2	8	3	2	2	4	2	4		7	5	7	3
8	3	1				4	3	5				6	2	9
7	0	4	3	7	2		1	6	3	6	5	4	8	2
2	0	9	2	2	6		4	0	2	8	0	0	4	8
4	4	6	0	0	7		6	7	6	0	3	6	7	6
4	2	5	0	2	3		2	7	6	4	8	4	0	2

76

	4	6	5	4	9	9	6		6	6	3	9	3	
8	7	9	6	1	0	8	5		8	6	8	5	0	6
5	9	4	3	1	7	3	9		1	6	1	0	2	3
6	8	5		8	0	2	9	9	9	8	3	3	7	4
4	5	4	7				6	1	5	7		1	7	9
4	1	8	5	5	4	7	9	9			8	4	4	7
			1	9	3	4		1	1	6	3	2	3	4
1	8	8	0	6	3	4		2	7	4	9	6	0	7
4	8	3	6	7	4	9		9	5	1	2			
2	0	5	2			7	5	5	1	2	4	2	7	9
4	0	8		9	6	4	5				3	2	2	8
3	1	2	9	0	7	4	6	4	8	1		6	5	4
2	4	4	0	0	0		1	0	8	4	1	5	4	4
7	7	1	2	0	5		8	0	0	2	0	4	9	6
	7	4	2	0	9		8	7	4	8	3	4	8	

77

7	3	3	4	6	2	1	6			1	9	5	9	9
5	9	5	0	6	6	5	6	9		8	3	6	2	2
9	4	5	1	7	2	7	2	6		5	0	3	8	9
4	2	6	3		1	2	0	2		7	1	9	1	6
8	8	5		9	6	0	0	2	5			9	3	5
			6	6	3	0	7	9	4		5	6	8	7
5	8	6	2	8	4		1	9	1	2	4	6	6	9
8	1	3	2	1						5	1	2	1	7
5	4	6	4	5	1	1	8		2	0	8	6	6	3
9	0	0	4		4	0	5	7	0	0	7			
6	3	6			4	1	8	4	2	3		2	3	7
5	8	2	7	8		8	3	9	8		7	2	9	8
4	5	6	3	3		4	2	3	6	7	5	4	2	9
2	5	7	1	7		4	4	5	2	2	5	9	9	1
3	0	1	4	8			5	0	6	2	9	3	8	4

78

	5	2	2	4	2	7	5		4	1	9	9	3	
1	7	2	4	1	3	7	4		1	8	9	2	5	3
8	2	3	2	2	8	3	9		4	2	4	4	1	2
5	6	2	4		2	0	7	3	5	1	3	3	4	4
2	0	5	5	2		4	9	0	6	6		8	4	3
4	0	3	9	5		7	5	8			1	9	1	6
			7	1	6	5		3	8	7	2	9	8	7
8	2	7	2	5	7				4	8	3	3	9	3
2	3	1	5	6	6	7		9	0	1	7			
7	0	2	9			2	3	5		2	1	8	5	4
3	8	5		6	5	1	6	0		5	7	7	3	5
8	3	0	2	0	1	6	5	9	8		4	3	9	4
6	5	1	9	3	5		8	5	4	9	0	9	8	8
8	4	7	7	4	1		9	4	5	3	1	5	4	5
	4	9	1	0	8		5	0	9	7	4	4	9	

79

1	4	5	8		7	2	2	3			3	3	7	6
4	4	7	0	3	1	8	4	3		5	4	3	7	0
7	1	0	7	1	0	0	8	4		8	9	3	3	0
5	1	9	3	7	4	7	9	8		7	9	2	3	2
			1	6	5	9		8	2	0	9	4		
3	3	8	1	5	7		1	1	9	1	1	2	2	8
2	8	9	6	7			4	0	9	7	0	1	5	6
8	6	4			6	9	5	0	9			6	1	8
4	0	2	3	8	7	3	4			6	5	2	7	9
4	0	5	0	2	4	2	6		4	0	6	2	8	6
		2	4	9	5	6		1	0	6	5			
4	5	8	7	1		5	3	3	9	2	1	1	1	5
4	4	9	8	7		2	3	5	6	2	4	7	6	2
4	3	1	6	7		7	8	5	0	6	9	7	2	1
8	4	5	2			6	3	1	5		9	0	6	1

80

5	5	5		8	2	7	7	6			7	3	2	9
5	1	7		1	1	3	4	8	5		1	7	5	0
5	4	2	5	4	0	1	2	6	1		4	0	6	1
4	5	9	6	3	7			3	4	8	4	8	1	3
8	0	5	1	5	0	2	4			3	7	3	8	6
6	7	7	9			5	0	9	1	8	1	1	6	3
	7	4	5	5	5	1	3	2	0	2		9	4	0
			8	4	0	2	6	0	3	0	5			
4	9	7		8	6	9	9	2	1	5	5	2	3	
6	6	7	8	3	4	2	8	0			7	9	6	5
7	0	2	7	0			1	2	4	7	6	3	6	7
3	3	5	2	2	2	6			9	2	4	2	9	9
2	1	2	4		1	0	2	4	5	9	7	9	5	3
5	8	4	6		5	0	9	2	5	4		6	8	3
4	8	6	1			5	5	4	0	3		7	6	4

81

2	8	1	7	1	7	1	2	9			9	8	1	2
2	6	2	0	8	4	4	8	2		9	5	4	0	1
9	7	5	0	2	3	4	6	3		4	2	0	8	4
			8	6	0	2	9	0		1	4	9	9	7
8	4	9	0	7	2			1	7	7	7			
5	3	1	4			2	9	2	3	4	4	7	8	7
3	2	3	2		1	5	0	0	7	5	4	0	9	7
9	4	1		8	1	6	6	4	3	1		3	1	8
7	7	1	5	5	3	6	3	9	5		3	3	3	3
2	9	2	3	5	6	5	0	9			8	3	1	8
			6	6	2	1			4	5	6	1	4	6
4	6	9	4	4		7	2	7	1	2	0			
1	7	0	2	1		8	1	6	6	4	8	8	1	6
9	0	0	6	1		1	3	7	3	4	5	0	7	2
7	7	5	5			7	5	1	4	7	0	8	0	5

82

5	4	5	2		7	8	8	6		9	1	4	2	8
4	3	0	3		8	4	6	6		6	3	9	8	8
2	8	7	5		8	5	2	9	9	6	1	1	1	6
7	0	5	9		9	0	2	7	5	1	9	8	9	1
4	0	8	7	1			6	0	8	3				
		7	5	3	5	4	1	5	0		7	1	9	6
	5	1	1	8	7	1	1	7	8		7	9	7	0
7	3	7	5	3	1	2		4	1	6	3	2	4	6
4	9	0	7		9	8	1	3	0	1	4	5	4	
4	2	0	3		9	1	1	5	3	1	4	1		
				9	9	2	0			7	0	7	4	8
4	3	9	4	0	0	2	3	9	3		7	3	8	8
2	1	2	5	4	9	1	8	3	2		9	2	8	1
6	8	1	3	0		5	3	3	6		7	0	8	2
7	6	1	5	1		3	2	1	1		1	5	2	3

83

9	1	2	5	4	8	4	2		5	5	5	9	6	4
8	6	6	0	8	5	4	8		2	2	2	0	4	1
3	9	1	7	6	4	4	8		7	7	2	0	8	9
1	2	0	6	1	0	5		3	2	2	2	2	2	
				8	9	6	4	8	2	9	8	7	1	
2	7	1	9	6	3		7	1	0	3				
1	2	7	2	2	2		7	0	2	4	7	2	7	5
9	7	0	3			5	5	2			2	0	3	0
6	9	2	4	9	3	9	6		4	8	6	3	7	1
				1	6	6	2		9	0	0	7	3	4
	7	6	1	0	4	4	7	1	5	1				
	6	9	4	0	2	4		5	2	6	7	1	1	5
6	0	2	4	6	1		4	2	8	1	3	0	6	2
1	0	1	8	4	8		8	3	0	4	4	1	2	0
2	1	6	1	2	5		3	0	8	5	6	6	8	6

84

8	8	6	6	7	1	9		9	2	1	1	4	4	7
5	2	0	9	9	9	3		3	6	9	9	6	4	1
1	1	8	3	2	0	5		4	7	2	3	5	6	7
7	1	0	4	2		1	5	3	8	3		1	4	6
7	0	5	4		1	2	3	1	0		6	4	9	2
3	1	3		9	7	2	9	0		9	3	9	7	9
5	4	0	7	6	2	3	5		3	5	9	6	5	4
			4	4	8	3	0	9	2	8	4			
5	5	6	5	0	5		1	3	2	0	4	6	5	9
6	8	0	6	0		8	3	0	5	0		9	4	2
7	1	1	3		9	9	3	0	1		4	8	9	0
6	0	2		5	2	2	3	1		1	5	0	3	0
4	9	9	9	7	9	5		1	9	2	4	5	8	7
3	4	3	9	9	9	2		7	8	7	2	4	7	1
3	0	6	6	0	3	1		3	5	7	5	5	6	2

85

9	1	1	5	3	9	4		4	6	6	1	6	4	9
4	2	3	5	6	6	8		3	3	0	9	3	3	0
7	4	5	2	7	5	9		5	3	1	0	0	4	0
1	0	4	0	9		1	5	8		5	8	6	0	1
7	1	9	5		5	3	3	3	4		1	4	7	9
1	1	1		9	7	9	3	2	9	4		8	3	5
8	3	2	7	0	4		2	3	5	8	4	5	0	8
			3	1	2	5	9	2	9	3	9			
6	7	5	4	5	5	9	5		7	0	4	2	9	7
3	4	2		8	9	0	9	2	0	7		8	0	9
8	0	5	2		3	3	0	4	7		1	8	0	2
6	7	3	8	5		1	4	7		7	6	4	6	9
4	0	4	5	1	8	0		7	5	1	8	9	1	3
7	9	0	8	4	3	6		4	8	2	4	5	7	2
9	8	0	0	2	6	8		6	6	1	3	3	7	0

86

1	9	9	8	6	7	9	2	1		2	1	5	6	7
6	2	7	4	3	3	1	1	2		3	6	0	3	1
9	0	7	4	7	0	1	7	1		6	7	6	1	9
3	6	1		5	7	3	5	5	9	4		8	2	0
1	8	0	2	3		3	6	6	5		2	9	9	7
8	2	0	2		1	7	6	4	7	7	5	3	0	7
2	5	3	1	6	5	5	3			5	9	5	8	3
			6	8	0	3		5	9	9	0			
6	8	8	0	1			1	8	5	9	9	8	2	9
8	2	4	2	1	9	7	3	6	1		4	7	8	4
8	4	9	2		8	8	2	2		5	3	1	7	4
8	2	3		9	8	3	6	1	2	4		7	5	6
2	6	2	3	6		4	4	3	6	3	8	1	9	3
1	3	5	1	6		8	8	2	1	4	0	1	8	3
3	8	9	9	2		4	6	0	4	1	4	1	8	8

87

4	4	3	3	6		4	6	8	7	6	7	2	2	2
3	7	7	9	6		5	3	8	1	7	3	0	1	6
2	7	0	3	4		6	9	1	4	6	3	5	2	2
7	5	6	0	2	1		3	0	8	1		1	4	5
6	9	6	1	5	0	2	5	6	4		8	6	4	0
2	3	2	5		3	4	4	2		9	9	6	9	5
				5	5	3	3		2	4	3	6	1	1
5	2	6	6	1	1	1		4	8	5	0	6	1	0
5	9	2	4	0	9		4	8	2	0				
9	6	1	6	6		3	7	1	0		3	5	8	7
8	8	5	9		3	1	5	7	8	6	8	3	5	7
3	5	4		9	6	5	9		9	2	0	0	0	9
1	7	3	2	8	4	2	4	6		7	6	4	5	4
5	8	0	9	4	1	4	6	5		6	0	7	9	5
9	6	4	0	5	6	5	5	6		2	8	4	9	4

88

1	6	4	8	8	4		7	9	1	7	2	4	2	1
9	4	7	1	1	9		7	5	3	0	4	2	1	8
6	5	4	5	2	9		8	7	8	6	3	2	1	6
8	3	7	3	6	6		8	7	2	5		3	3	9
2	0	7	5		3	2	4	4	1		2	7	9	6
7	6	9	0	2	0	7	2	4		7	2	1	2	6
7	7	3		1	8	4	9		8	7	3	7	6	8
			2	8	3	0		2	9	4	5			
4	1	6	5	8	1		3	3	9	3		5	2	8
8	5	0	6	0		6	6	9	1	5	4	7	6	5
7	4	6	7		7	7	7	8	3		9	9	0	1
4	0	7		8	8	5	6		1	8	0	7	0	8
5	6	7	7	7	0	5	0		9	0	2	6	2	6
8	4	6	4	0	3	0	4		7	9	0	0	0	0
2	7	4	7	5	5	4	8		8	5	1	7	5	1

89

1	7	9	4	2	8	4	4	4		5	7	9	8	9
8	1	3	5	2	8	5	0	2		1	5	7	8	5
6	7	2	9	8	6	7	4	9		2	9	4	2	7
5	0	0	0	6		9	1	7	9	0	8	5	6	9
3	6	3	0	7	5		4	2	9		5	6	9	3
4	0	5			3	7	3	3	0	7		1	1	7
			1	2	5	4	7		2	2	2	9	2	6
5	8	9	1	5	8	9		8	9	2	5	0	3	1
1	0	5	5	9	0		6	6	9	7	6			
2	3	0		4	1	1	0	5	6			4	5	7
7	2	1	3		2	1	2		8	3	7	6	3	7
6	9	2	5	2	4	6	0	5		7	9	7	5	6
9	7	4	6	6		6	3	3	6	6	1	9	9	3
3	3	5	8	8		6	6	6	5	2	0	4	9	2
6	8	7	0	4		8	6	8	1	8	3	0	6	9

90

7	5	1	3	7	8		1	3	3	7	1	4	8	1
5	9	4	5	1	1		5	0	9	5	4	7	1	4
3	8	4	1	7	3		6	6	7	6	0	0	3	9
2	0	2	3		9	4	4	0	0	2		8	3	7
3	0	4	5		5	8	0	8	5		4	3	7	6
2	3	9		9	9	0	0	0		3	7	8	3	2
7	0	8	7	5	1	9	8		9	9	8			
6	7	8	2	5	4	4		2	0	2	9	6	8	3
			9	8	1		8	6	0	1	5	0	0	0
6	7	9	7	0		9	1	8	0	7		3	7	0
3	6	1	2		7	6	7	9	8		1	6	1	9
8	5	4		8	6	9	3	2	2		5	1	5	9
6	6	6	1	8	0	0	2		3	2	8	5	3	0
5	2	7	4	8	8	0	6		8	1	4	3	5	4
7	2	6	2	6	3	0	4		3	8	5	3	7	5